Carlos U. Savioli

INTRODUCCIÓN A LA ACÚSTICA

LIBRERIA Y EDITORIAL ALSINA

Buenos Aires - Argentina

Savioli, Carlos Umberto
Introducción a la acústica / Carlos Umberto Savioli. - 1a edición para el alumno. - Ciudad Autónoma de Buenos Aires : Librería y Editorial Alsina, 2017.
78 p. ; 20 x 14 cm.

ISBN 978-950-553-554-5

1. Acústica. 2. Educación Superior. I. Título.
CDD 620.210711

Queda hecho el depósito que establece la ley 11.723

Diseño de Tapa, diagramación, gráficas y armado de interior:

Pedro Claudio Rodríguez

Telefax (054) (011) 4372-3336

A MIS NIETAS:
JIMENA Y JULIANA

ÍNDICE TEMÁTICO INTERACTIVO

PRÓLOGO

El material del presente libro, en su totalidad, responde a los contenidos del programa de las clases teóricas que he dictado en los últimos años, en la Facultad de Arquitectura y Urbanismo de Mar del Plata (Provincia de Buenos Aires).

Desde hace tiempo, se hacía necesario reunir en una recopilación de temas introductorios, lo que es fundamental de esta apasionante ciencia (con no poco arte) que es la acústica, a fin de agrupar criterios por un lado, y también y consecuentemente, facilitar el trabajo (el aprendizaje de mis alumnos), por el otro.

Además de varios de los clásicos autores extranjeros que cito, procuré también destacar a investigadores argentinos, que merecen fe. En ambos casos y en mérito precisamente al respeto por todos ellos, he trascripto algunas frases, tal como aparecen en los originales de sus obras.

Deseo fervientemente, que este modesto trabajo posibilite a los lectores acercarse a una disciplina muy antigua en sus orígenes, y que hoy, ha cobrado sus mejores bríos, como realmente corresponde a una jerarquía relevante de la arquitectura.

La parte gráfica ha sido realizada originalmente por el Arquitecto Juan Carlos Sanchez Agesta.

Mar del Plata, Abril 1977

Ing. Carlos Umberto Savioli

1 ACÚSTICA FÍSICA

EL SONIDO

Origen. Propagación

La atmósfera terrestre, compuesta de aire y vapor de agua, está representada por una envolvente de varios kilómetros de espesor. A esto debemos la presencia del peso por unidad de superficie, o presión, a nivel del mar, o en otro lugar. Entonces diremos que el peso de aquella capa determina el valor de la presión atmosférica, valor muy conocido:

Presión atmosférica = 1 Kg por centímetro cuadrado = 1 Kg/cm^2

Respecto de un lugar a nivel del mar donde este valor está representado por la unidad, otro ubicado por ejemplo en lo alto de una montaña podrá tener algo menos, debido a que el peso de la capa que nos interesa, es menor. En general, si nos alejamos de nuestro horizonte terrestre, y ascendemos, cambiarán presión y también temperatura. Sabemos que nuestro sistema auditivo es sensible a este cambio: basta recordar los trastornos (pasajeros), de muchos que han volado a grandes altitudes. Es obvio que la presión, por este simple hecho, afecta nuestro oído, o bien que este es sensible al cambio de presión (con respecto a la normal o atmosférica). Nuestro órgano de la audición está compuesto de tres partes fundamentales:

- *Oído externo*
- *Oído medio* (con la membrana del tímpano)
- *Oído interno*

El primero es la caja receptora. El segundo es capaz de vibrar y el tercero, con un mecanismo complejo, de transmitir al cerebro. No incumbe a esta descripción, un análisis anatómico de tan sensible aparato. Nos interesa insistir en una cuestión: es la membrana la que cambia de posición (oscila), cuando la presión exterior supera a la interior, como si la empujara cambiando la situación de equilibrio. Este cambio es recepcionado por el cerebro, y también en sentido contrario.

Todos conocemos la manera como una cuerda de guitarra por ejemplo, emite un sonido cuando la sacamos de su posición de equilibrio, haciéndola vibrar. También reconocemos que las distintas cuerdas emiten "distintos" sonidos. Por otra parte, es intuitivo que el sonido se transmite por el aire, que es el medio "idóneo". Sin embargo, también lo hace a través de los sólidos (madera, hierro, hormigón, etc.), y con bastante más velocidad. Sobre la base de que en un medio imperturbado (el aire a la presión atmosférica, compuesto por infinitas moléculas en equilibrio) un elemento provoca de repente vibraciones (por ejemplo una cuerda), intentaremos explicar el origen de un sonido.

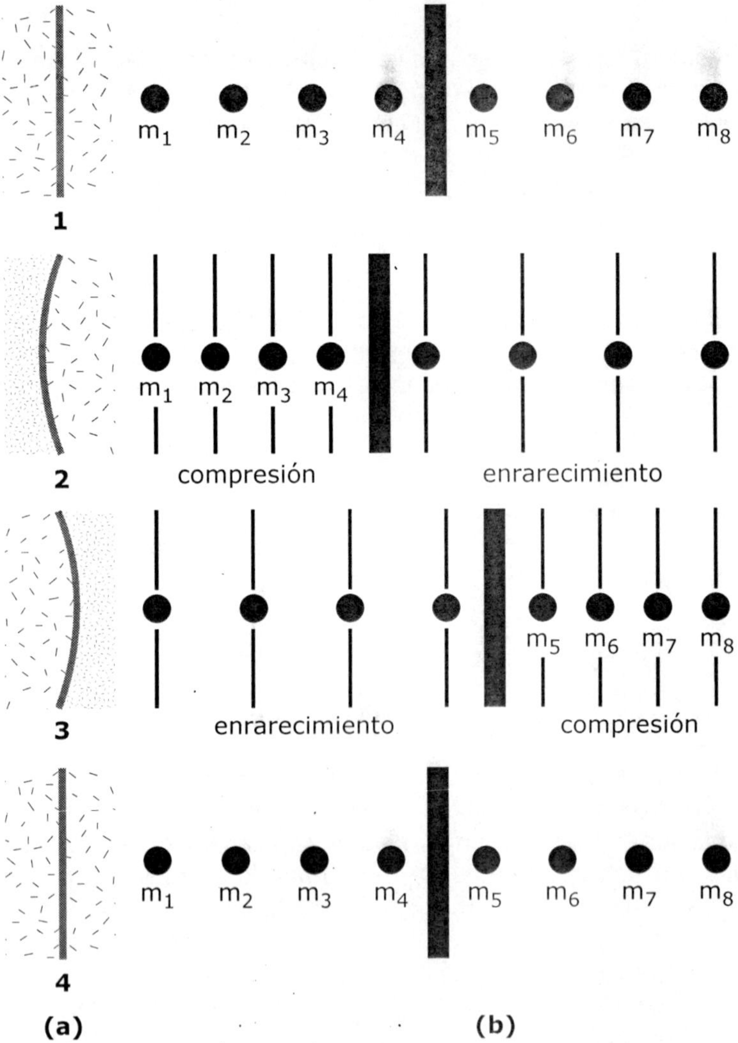

Figura 1

En la figura 1 se ha representado a la izquierda, (a) la cuerda vibrando en el medio que es el aire. Las moléculas de este aparecen como una gran densidad de puntos. A la derecha, una parte de la cuerda ampliada, (b) nos muestra las cuatro posiciones que toma al cumplir una oscilación completa.

En 1 y 4 no hay perturbación del medio. En la posición 2, las moléculas m_1, m_2, m_3 y m_4 son "empujadas" o bien comprimidas. Allí la presión y la temperatura del aire aumentan con relación a la presión atmosférica y a la temperatura ambiente. Del otro lado, hay una depresión, hay también más espacio para ser ocupado por las moléculas m_5, m_6, m_7 y m_8 las que se distancian.

Imaginando ahora que las moléculas m_1, ... , m_4 separadas por el aire, pueden materializarse mediante un modelo mecánico consistente en esferas conectadas con resortes[1] podremos explicarnos de que manera aquella compresión y depresión de las moléculas se transmite al medio como una perturbación.

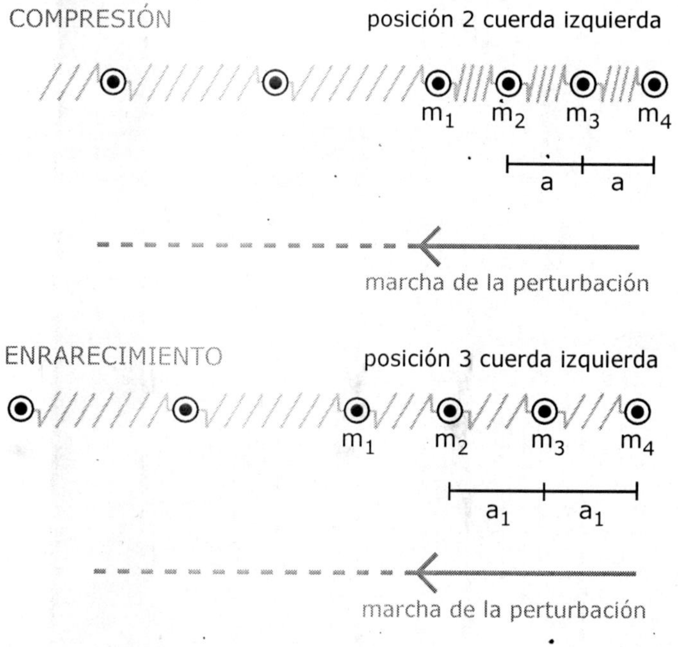

En la *compresión* las moléculas m_1, m_2, m_3 y m_4 se acercan (distancia a).

En el *enrarecimiento* las moléculas m_1, m_2, m_3 y m_4 se distancian (distancia a_1).

Figura 2

[1] A. C. Raes "Acústuca Arquitectónica". Editorial Lerú, Bs. As.

Los resortes que conectan las moléculas m_1, m_2, m_3 y m_4 son comprimidos, ya que las esferas que las representan se han acercado. Como la vinculación significa una verdadera cadena, la compresión se va a ir produciendo sucesivamente a nuevas moléculas, con cierto retardo y hasta cierta distancia. La marcha de la perturbación queda indicada por la flecha. Siempre en relación a las mismas moléculas, vemos que en la posición 3 de la cuerda, las mismas estarán enrarecidas. Las distancias aumentan entre si, los resortes se estiran y la perturbación se traslada, según la flecha. Es interesante observar, que las moléculas no se trasladan (oscilan), y sólo lo hace la perturbación. La explicación sería similar para las moléculas m_5, m_6, m_7 y m_8.

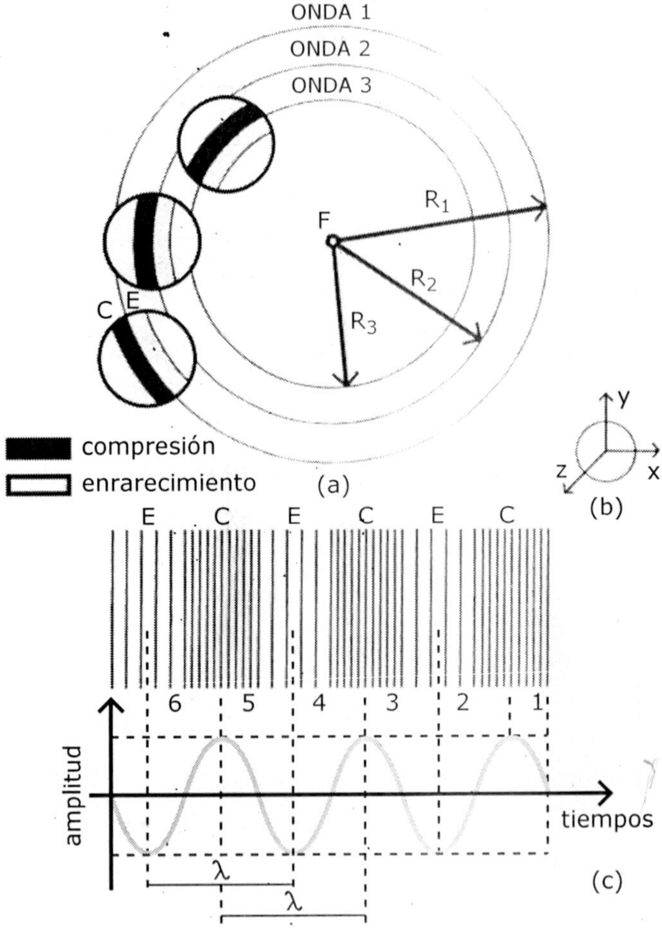

Figura 3

La perturbación de las ondas en el agua, al arrojar por ejemplo una piedra sobre una superficie quieta, se detecta observando un corcho que flote. El mismo sólo se moverá hacia arriba o hacia abajo, sin trasladarse.

Nuestra onda sonora, identificada por un frente de presión y otra zona de depresión, marcha así en el aire como una perturbación que paulatinamente se va extinguiendo.

En figura 3-a hemos indicado las ondas 1; 2 y 3 que marchan una a continuación de la otra; los radios R_1, R_2 y R_3 corresponden a las distancias recorridas en el instante considerado. En forma ampliada aparecen las zonas de compresión y enrarecimiento y que se suceden indefinidamente (hasta que se agota la energía).

En la figura 3-b se ha representado una onda en el espacio. A medida que se propaga, crecen los valores de sus tres coordenadas, vale decir x; y; z. La onda es en el espacio una esfera, y varias de ellas se reunirían como formando las capas de una cebolla.

En la figura 3-c se hace la conocida representación sinusoidal en un sistema de ejes tiempo-amplitud. Arriba del eje horizontal los hemiciclos de compresión y hacia abajo, los de enrarecimiento. La longitud de onda es la distancia λ, tomada entre dos picos de compresión, o dos valles de enrarecimiento. Más adelante se estudian las relaciones matemáticas necesarias al estudio de la propagación.

Velocidad. Longitud de onda. Frecuencia.

Estos valores fundamentales quedan relacionados por:

$$V = \lambda \, . \, f$$

V	velocidad
λ	longitud de onda
f	frecuencia

Si bien la temperatura y la humedad relativa la afectan, podemos considerar la velocidad constante a nuestros fines y con el siguiente valor para la propagación de los sonidos en el aire:

V = 340 metros por segundo = 340 m/seg.

La velocidad varía en otros medios de propagación[2]

MATERIALES	V [m/seg]
Agua	1.450
Acero	5.000
Mampostería	3.000

[3] A. C. Raes, citado.

Madera .... 1.000 a 4.000
Corcho 500
Caucho 50

El número de sinusoides representativas del sonido en la unidad de tiempo, o sea en 1 segundo, nos da la frecuencia en cada caso. La siguiente figura aclara:

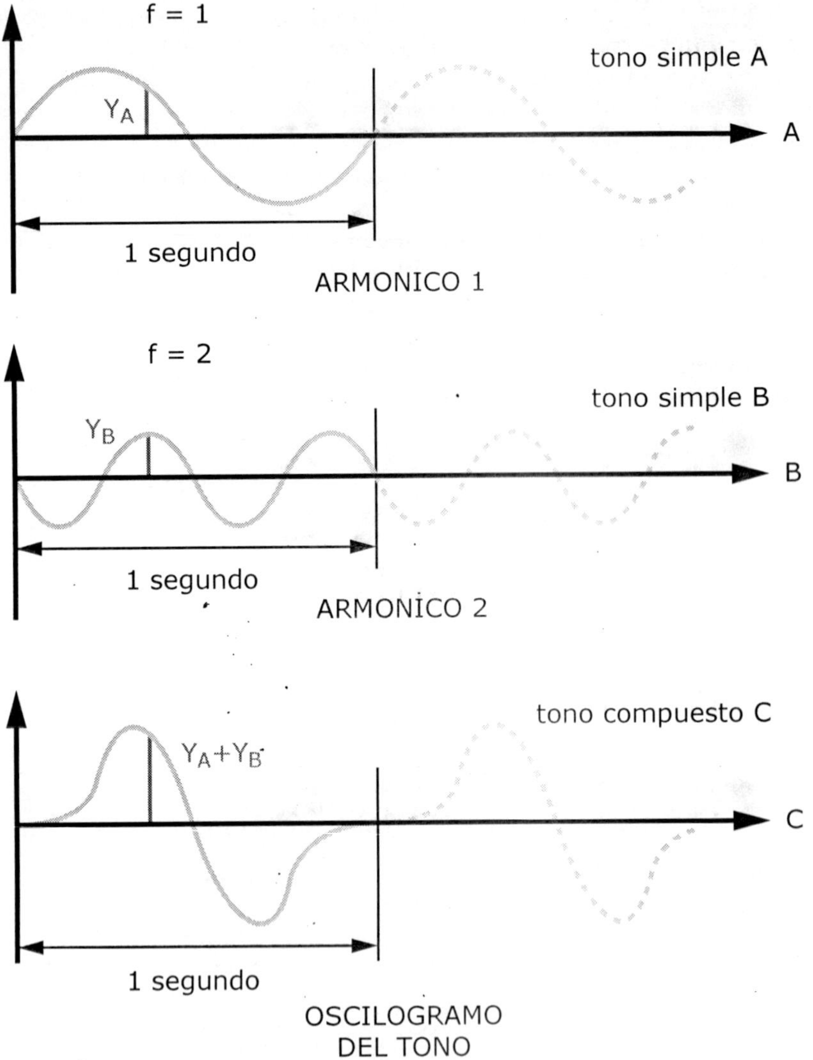

Figura 4

El sonido A está representado para 1 segundo, por una sinusoide. Su frecuencia es entonces 1 (un ciclo por segundo):

$$f = 1 \ c.p.s. \ \text{ó} \ f = 1 \ HERTZ$$

El sonido B está representado para 1 segundo, por dos sinusoides. Su frecuencia es entonces 2 (dos-ciclos por segundo):

$$f = 2 \ c.p.s. \ \text{ó} \ f = 2 \ HERTZ$$

Los sonidos A y B se llaman tonos simples o tonos puros. La frecuencia de B es doble de A.

El aumento de la frecuencia de un valor a otro doble, eleva la "altura" del tono en una octava. El tono es una sensación psíquica no física. Las frecuencias usuales en nuestro estudio comprenden unas pocas octavas, como veremos.

El sonido C es simplemente la suma de A y B. Como se advierte, tiene la frecuencia de A y se llama tono compuesto. Esta última figura es llamada OSCILOGRAMO DEL TONO[3] y permite obtener el sonido resultante de otros. De la misma manera, dado un sonido compuesto, podría desglosarse en sonidos simples o bien analizarse. Dice RAES: "Es posible, pues, partiendo del oscilogramo, determinar cuáles son los armónicos de un sonido y en que proporciones están presentes. Ello es analizar el sonido, o mejor todavía, determinar su espectro".

Diremos por último que el sonido puro A es el primer armónico o de rango uno del compuesto C. El sonido puro B es el segundo armónico o de rango dos del compuesto C. Los sucesivos armónicos tienen frecuencia triple, cuádruple etc.[3]

Con respecto a la longitud de onda (Fig. 3), es sencillo para los sonidos A y B de la figura 4 establecer:

"Si para el mismo tiempo o Período de un segundo la frecuencia de B es doble de A, siendo la velocidad constante, la longitud de onda de B es la mitad de la A", todo ello de:

$$\lambda = \frac{V}{f} = \frac{Constante}{f}$$

Ejemplo: Se desea conocer la longitud de onda en metros, para un sonido emitido. Sean $V = 340 \ m/seg$ y $f = 150 \ c.p.s.$ (ciclos por segundo).

$$\lambda = \frac{340}{150} = 2{,}26 \ metros$$

Las bajas frecuencias implican longitudes de onda grandes. Los sonidos son "graves". Las altas frecuencias implican longitudes de onda pequeñas.

[3] A. C. Raes, citado.

Los sonidos son "agudos". Sonidos graves y agudos adquirirán gran importancia más adelante, al abocarnos al estudio acústico de los locales y a las implicancias de los ruidos callejeros en relación al confort.

Medida del sonido. Escala decibélica

En las figuras anteriores, los sonidos representados muestran para el eje vertical una amplitud de cuyo valor no se había hablado. En realidad nos faltaba conocer la magnitud que junto a velocidad, longitud de onda y frecuencia, identifican a los sonidos. Ese valor podrá ser medido en términos de:

P — *PRESIÓN* ACÚSTICA
I — *INTENSIDAD* ACÚSTICA
Pot — *POTENCIA* ACÚSTICA

La presión acústica se mide:

μb = Micro bares = Dina por centímetro cuadrado

La intensidad acústica se mide:

watios por centímetro cuadrado = W/cm^2 [4]

La potencia acústica se mide:

mW = miliwatios

Las investigaciones y trabajos sobre este tema han demostrado que la sensación auditiva, ante un cambio de presión, intensidad o potencia es proporcional a:

$$20 \, Log \frac{P}{P_o}$$

P_o = *Presión mínima de comparación* = 0,0002 μb

$$10 \, Log \frac{I}{I_o}$$

I_o = *Intensidad mínima de comparación* = 1×10^{-16} W/cm^2

$$10 \, Log \frac{W}{W_o}$$

W_o = *Potencia mínima de comparación* = 10^{-13} *Watt* [5]

[4] Para entender mejor su manejo debe repasarse sistemas de unidades.

[5] A. Behar. "El ruido y su control" Bowcentrum. Buenos Aires.

Surge así el *DECIBEL* (dB), que deriva de:

$$NIVEL\ SONORO(dB) = 20\ Log\frac{P}{P_o} = 10\ Log\frac{I}{I_o} = 10\ Log\frac{W}{W_o}$$

En general y a nuestros fines, es suficiente manejar el NIVEL SONORO de acuerdo a la primer igualdad, y entonces diremos:

$$NIVEL\ SONORO(dB) = 20\ Log\frac{P}{P_o}$$

La simplificación que significa el empleo de la escala decilbelica[6] queda evidenciada por lo siguiente: sea la potencia que nos interesa $P = 200\ \mu b$ ó *micro bares* (en general el máximo). Entre las presiones máximas y mínima (para el oído se entiende), la relación es:

$$\frac{P}{P_o} = \frac{200}{0{,}0002} = \frac{200 \times 10.000}{0{,}0002 \times 10.000} = 1.000.000$$

es decir un millón de presiones posibles de ser captadas. Por el contrario:

$$NS(dB) = 20\ Log\frac{P}{P_o} = 20\ Log\frac{200}{0{,}0002} = 20\ Log\ 1.000.000 = 20 \times 6 = 120\ dB$$

Nuestra nueva escala comprende de 0 a 120 decibeles y resulta así más sencilla.

Valores de referencia

POTENCIA ACÚSTICA

Origen	***Distancia***	***Potencia*** *mW (miliwatios)*
Conversación (normal)	1 m	5-20
Conversación (fuerte)	1 m	100 - 1.000
Canto (medio)	1 m	200 - 2.000
Canto (fuerte)	1 m	10.000 - 50.000
Piano (medio)	1 m	500 - 2.000

NOTA: Los valores aquí dados, son a título informativo. [7]

6 Decibel. Recuerda el nombre de Bell, inventor del teléfono.

7 Como información reglamentaria de interés, puede consultarse: Normas mínimas de habitabilidad. Banco Hipotecario Nacional. Año 1973.

NIVEL SONORO
en decibeles (dB)

Cuchicheo	10 dB
Jardín tranquilo	20 dB
Casa tranquila	30 dB
Aparato de radio	40 dB
Vagón silencioso	50 dB
Restaurante ruidoso	60 dB
Música de cámara	70 dB
Calle ruidosa	80 dB
Orquesta sinfónica	90 dB
Martilleo	100 dB
Fábrica de calderas	110 dB
Avión a 6 metros	120 dB

Direccionalidad del sonido

Casi todas las personas han realizado una mínima experiencia acústica, escuchar a alguien hablar. Seguramente también lo habrán hecho en un lugar abierto o al aire libre. Recordaremos entonces que nos habremos acercado al orador, poniéndonos lo más cerca posible y de frente. Si estuvimos detrás de él, las dificultades para oir habrán sido mayores. Así pues,

- ❑ Distribución del sonido
- ❑ Direccionalidad
- ❑ Frecuencias de 2000 - 1000 - 100 Hertz

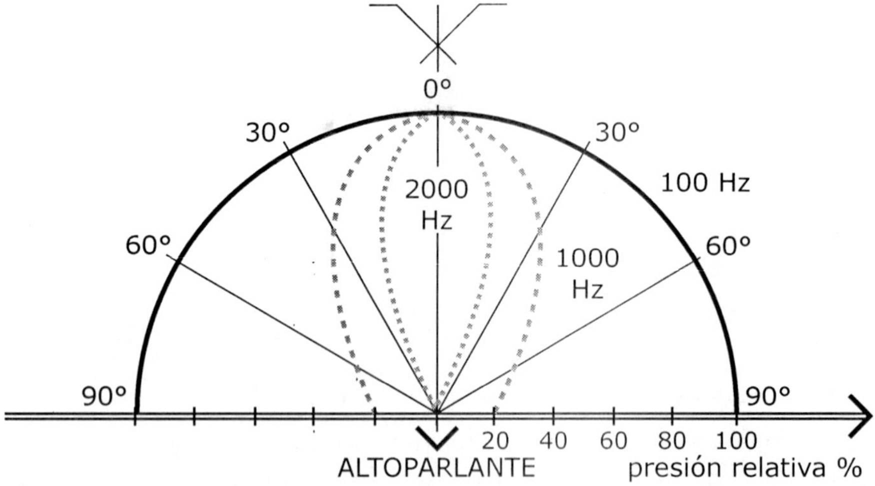

Figura 5

estamos reconociendo en una forma un tanto intuitiva, que respecto de una fuente sonora (el orador), el sonido toma una cierta dirección, o es más factible que se propague por ella. Esto es válido en el caso también de un altoparlante funcionando.

Tanto para el orador como para el escucha, diremos que los sonidos que emiten son direccionales. Ella tiene una marcada relación con la frecuencia, según surge de lo ilustrado en la figura 5. [8]

Los sonidos de alta (2.000 Hertz ó c.p.s.) y media frecuencia (1.000 Hertz ó c.p.s.) alcanzan parte del ambiente; los de baja frecuencia (100 Hertz ó c.p.s.) llegan o alcanzan todo el ambiente. Más adelante, al hablar de difracción se vuelve sobre este tema. Digamos así mismo, que la direccionalidad influye en las formas de las salas tratadas acústicamente y también, en la distribución y ubicación de los instrumentos orquestales.

Suma de niveles de sonidos

Sea cualquiera de las expresiones vistas como definición del nivel sonoro y su unidad el decibel (dB), es evidente, por su definición logarítmica (lo que coincide con la percepción real del sonido por el oído humano), que dos niveles sonoros cualesquiera *NO PUEDEN SUMARSE* aritméticamente. En términos de presiones o de intensidades diremos que lo matemáticamente correcto es **SUMAR LAS PRESIONES** o **SUMAR LAS INTENSIDADES** y por fórmula determinar el nivel resultante[9]. Al margen de los gráficos que existen para facilitar las operaciones de sumas y que se verán más adelante (ver ejemplo numérico N° 1) es importante recordar lo siguiente:

"LA SUMA DE DOS NIVELES SONOROS IGUALES EN DECIBELES, DA UN NIVEL RESULTANTE DE 3(dB) MAS QUE EL DE LOS SUMANDOS". Por ejemplo, dos sonidos de 40 (dB) cada uno, dan sumados un sonido resultante de 43 (dB).

Contornos de igual sensación

Gráfico de FLETCHER y MUNSON

Percepción subjetiva

Según se dijo antes, la percepción real de un sonido coincide con las expresiones ya analizadas, y su valor queda definido por el decibel (dB).

Sabido es también que el oído no es igualmente sensible a las distintas frecuencia. Hay una gama de frecuencias que en términos generales va des-

[8] Tomado del libro del C.E.A. Apunte de Acústica. Buenos Aires.

[9] Ver demostración en A. Behar "El ruido y su control". Bowcentrum. Buenos Aires. También en "Heating and Air Conditioning". Allan-Walker-Jamcs MacGraw-Hill.

de 0 hasta 5.000 c.p.s. ó Hertz (1.000 Hertz equivalen a 1 Kilo-Hertz ó KHz), y entre las que se hallan las que resultan más impresionables al oído. En términos de presión sonora por un lado, y frecuencia por el otro, la respuesta del oído es sumamente curiosa, y diferente. Así lo establecieron los investigadores citados en el título, sentando las bases de la percepción subjetiva (no real).

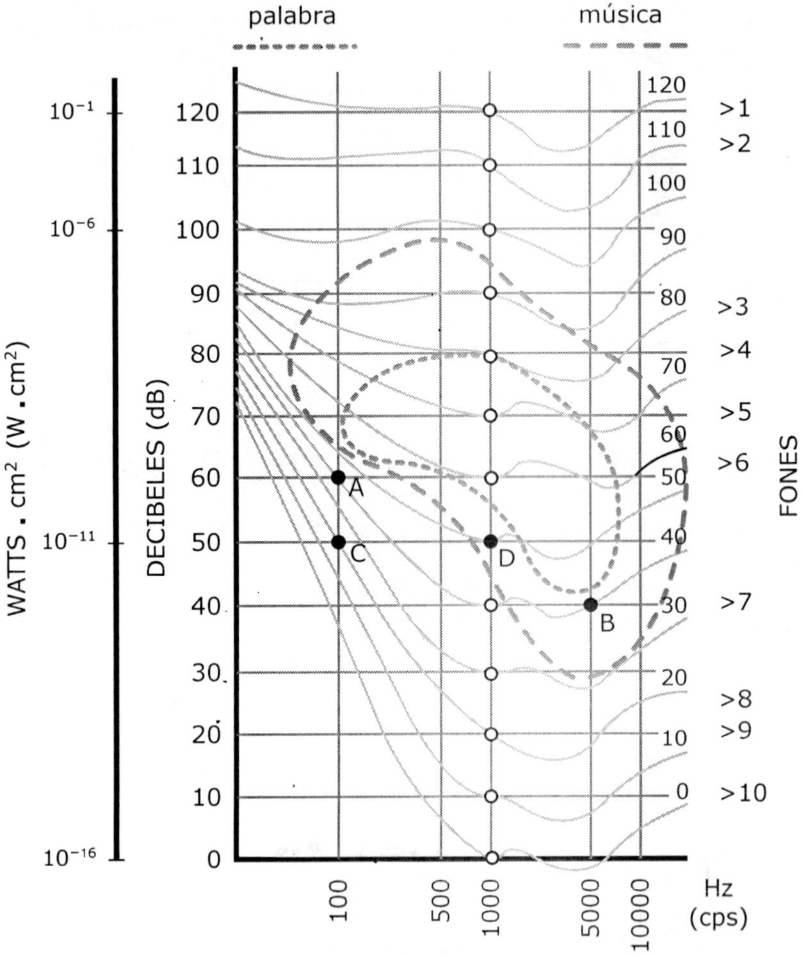

GRÁFICO DE FLETCHER Y MUNSON
"CONTORNOS DE IGUAL SENSACIÓN"

tomado de ACONDICIONAMIENTO NATURAL Y ARQUITECTURA
E. y G. Puppo, Editorial Marcombo

Figura 6

Las curvas así dibujadas por los nombrados, corresponden al lugar de los puntos representativos de igual sensación sonora percibida, "CONTORNOS DE IGUAL SENSACIÓN", no obstante las diferentes abscisas y ordenadas. Por ejemplo los Puntos A y B tienen respectivamente:

A)	60 dB 100 Hertz	B)	40 dB 5.000 Hertz

estos sonidos, "subjetivamente" son iguales. A efectos de igualar valores, se dio a estas curvas un nuevo valor o una nueva medida "el fon o fones". Para la frecuencia 1.000 Hertz = 1 KHz, que es de comparación, donde llevamos la escala de fones, la graduación es de 10 en 10 fones y coincidente (en divisiones y magnitud) con la escala decibélica ubicada en abscisa de frecuencia 0. Esto permite comparar distintos sonidos. Por ejemplo, sean los puntos C y D que tienen:

C)	50 dB 100 Hertz	D)	50 dB = 50 fones 1.000 Hertz

se advierte, además del diferente valor de la frecuencia, que no obstante tener la misma presión (N.P.S.) o intensidad, se perciben como sonidos de: C (20 fones) y D (50 fones), o sea subjetivamente diferentes.

Comparando nuevamente los valores de A y B, puede también afirmarse que para percibir subjetivamente igual dos sonidos de distinta frecuencia y presión, el de menor frecuencia requiere más presión.

La curva de 120 fones comparada con la de 0 fones, es mucho menos sinuosa, lo que nos permite decir que para las altas frecuencias el oído es "más plano". También han sido señaladas las zonas de la palabra y de la música.

Es recomendable detenerse en la interpretación de este gráfico todo el tiempo necesario, máxime si recordamos que además de su importancia, sus autores debieron poner mucho empeño para concretar tamaña investigación, operando claro está, con personas.

Enmascaramiento [10]

"La experiencia muestra que las notas graves, sobre todo si tienen un nivel considerable, producen un efècto de ENMASCARAMIENTO muy marcado sobre las notas agudas, mientras por el contrario, las notas agudas no enmascaran las graves. EL ENMASCARAMIENTO auditivo de una nota sobre otra es máximo, cuando el sonido enmascarante es aproximadamente idéntico al enmascarado. De manera general, todos los sonidos, sobre todo si son intensos, provocan un enmascaramiento considerable de

[10] Apuntes del C.E.A. citado.

todos los sonidos más altos que aquel que enmascara. En consecuencia, los zumbidos o los ruidos de baja frecuencia serán fuentes de molestia considerable en la audición de la palabra o de la música, puesto que enmascaran casi la totalidad de la escala de frecuencias audibles".

La emisión de la palabra [11]

"Una persona hablando directamente o mediante aparatos de registro y amplificadores electro-acústicos, pronuncia aproximadamente 300 silabas por minuto, o sea que la duración de cada una de estas es de $^1/_5$ de segundo.

La oración consta entonces de una serie de silabas de duración de 1/5 de segundo, separadas por intervalos de $^1/_{20}$ de segundo.

Como es sabido, en el aire el sonido recorre aproximadamente 340 metros por segundo, o sea 17 metros en $^1/_{20}$ segundos".

Esta información va a resultar sumamente importante luego, al abocarnos a los problemas de la propagación del sonido en locales cerrados.

El medidor de NIVEL SONORO (M.N.S.) [12]

"El medidor de nivel sonoro es el instrumento base para toda medición acústica. Si bien la información que nos brinda no es completa, sirve para una gran variedad de usos, entre los cuáles se destacan el control de ruidos de máquinas y del tránsito. Es un instrumento indispensable para los higienistas industriales en la determinación de la aceptabilidad o la peligrosidad de ruidos. A su vez el medidor de nivel sonoro se puede acoplar a analizadores de espectro, registradores magnéticos o gráficos, etc., con lo que se amplía la gama de información que nos puede brindar".

Sus partes fundamentales son el MICRÓFONO, que transforma las señales acústicas en tensiones eléctricas. EL AMPLIFICADOR, equipado con un atenuador calibrado en dB. Finalmente los FILTROS cuyas respuestas asemejan las del oído humano. Un instrumento permite la lectura en decibeles.

[11] Según J. Bossut-E. Villatte "El aislamiento térmico y acústico y el acondicionamiento del sonido en la construcción".

[12] A. Behar. Citado.

2 ACÚSTICA GEOMÉTRICA

PROPAGACIÓN DE LOS SONIDOS

Reflexión. Difracción

Según está dicho, los sonidos se propagan en el aire (y también en los sólidos) como ondas. La representación usual en la práctica de la acústica geométrica es pues una onda cuyo radio es la distancia recorrida por la perturbación. Se puede eliminar la onda y dejar sólo el rayo que la representa apuntando al lugar que nos interesa. La figura aclara esto.

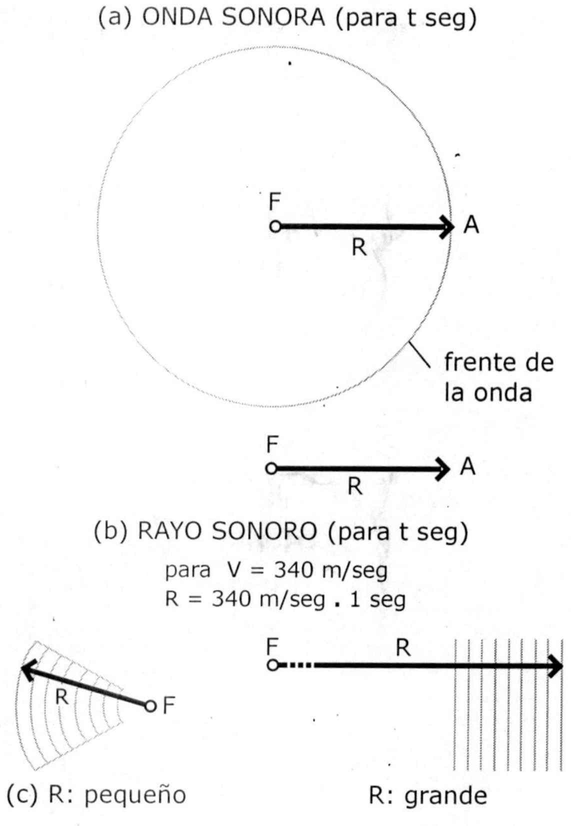

Figura 7

En (a) la onda generada por la fuente F se ha propagado libremente, de este modo por ejemplo, si el tiempo t transcurrido ha sido de $^{1}/_{20}$ segundos, el frente de onda está a la distancia de 17 metros = R = Radio sonoro.

En (b) hemos indicado el rayo sonoro R para el mismo tiempo y con relación al punto A que alcanzó la onda. En realidad la cantidad de rayos es infinita, y sólo se dibuja el que nos interesa.

En (c) vemos como el frente de onda, según el tiempo transcurrido, se va trasladando. La sucesión de ondas es la manera correcta de dibujar, pero luego se simplifica la cosa, tomando algunas, a la distancia que resulte más conveniente.

En nuestras explicaciones iremos adoptando una u otra forma de dibujo, o a veces las dos simultáneamente. Para que haya reflexión de sonidos, la onda o el rayo deberán chocar contra una superficie que necesariamente deberá ser "dura y lisa". Así pues, un elemento que permita el "rebote" hará a su vez, que el rayo *incidente* sea *reflejado*. Todo sucede como con la luz, cuando incide sobre una superficie, especular. La ley dice entonces: todo rayo sonoro que incide sobre una superficie, se refleja formando con la normal en el punto de contacto, ángulos iguales.

(a)
REFLEXIÓN SOBRE
SUPERFICIE PLANA
(dura y lisa)

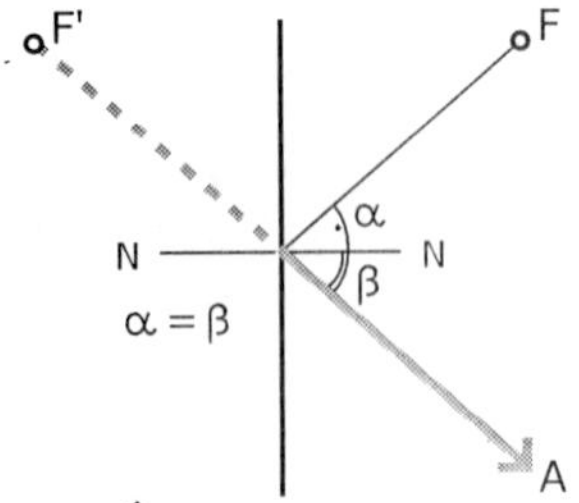

(b)
REFLEXIÓN SOBRE
SUPERFICIE CÓNCAVA

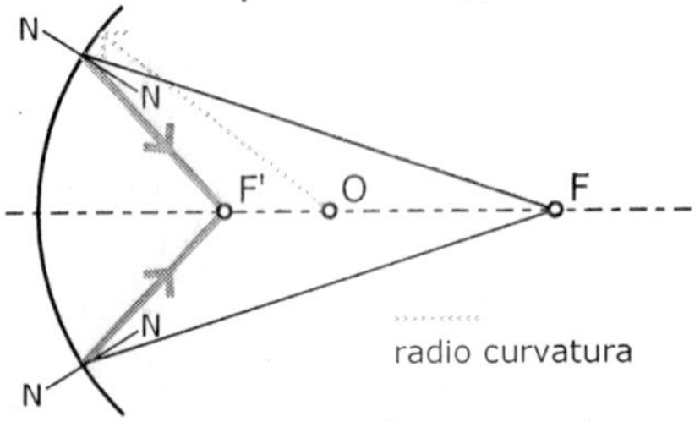

(c)
REFLEXIÓN SOBRE
SUPERFICIE CONVEXA

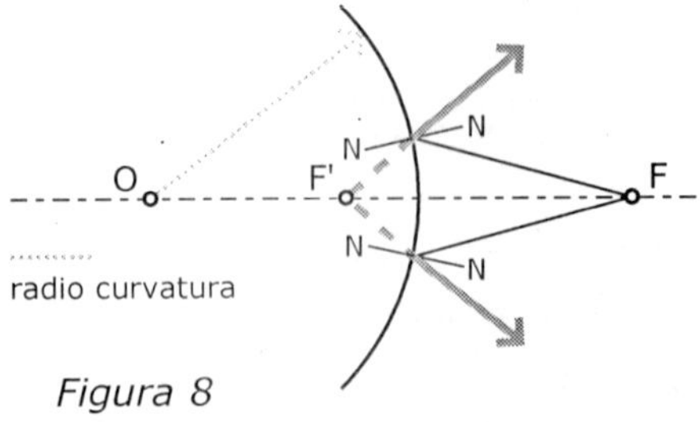

Figura 8

En la fig. 8-a la reflexión es sobre una superficie plana. Para un observador colocado en A, el rayo reflejado parecería provenir de F'. Llamamos a este punto, el conjugado de F, que es la fuente sonora, También se puede decir que F' es la imagen virtual de F o bien la IMAGEN ACÚSTICA. Se está insinuando así, el conocido e importante método geométrico llamado de las imágenes acústicas. En (b) la reflexión es sobre superficie cóncava, lo que representa una concentración de rayos en el punto F', que en este caso es una imagen real, no virtual. En (c) la reflexión es sobre superficie convexa, con dispersión de los rayos sonoros. Las dos últimas reflexiones serán nuevamente analizadas con motivo del estudio de formas de salas, según veremos.

Analizaremos a continuación la reflexión de ondas en un local cerrado, haciendo el estudio sobre un cerramiento en primer lugar, y luego sobre los cuatro que conforman las paredes. No se hace sobre suelo y techo, no obstante, el método sería lógicamente igual.

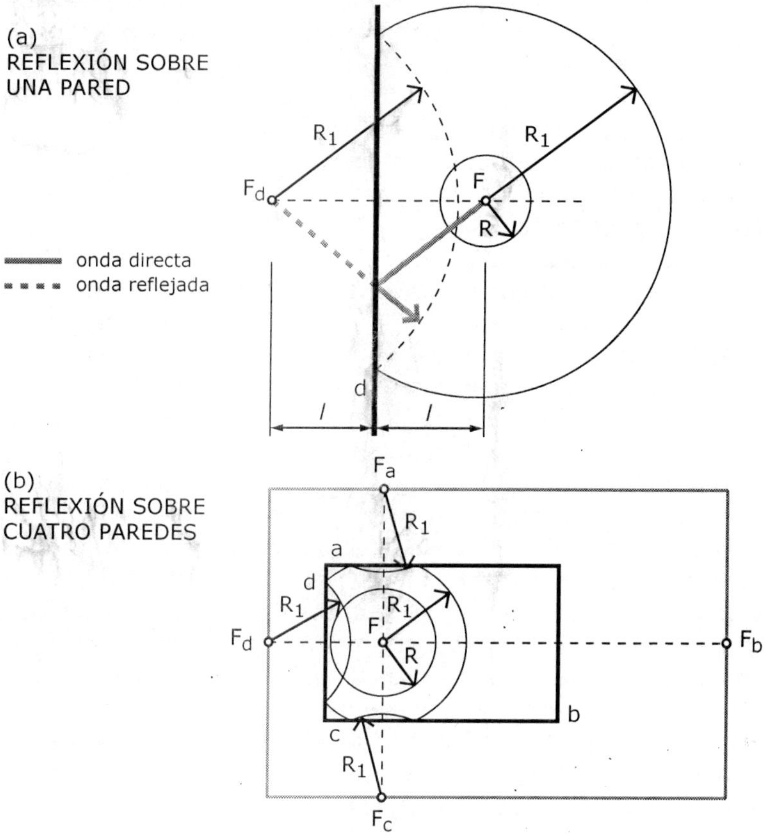

Figura 9

En (a) la onda de radio R no ha tocado la pared d, por lo que no se refleja. En cambio la onda más grande si se refleja; F_d representa la imagen acústica de F y está a la misma distancia del plano de la pared (*l*). Desde ahora en más, las imágenes acústicas se identifican con la letra F seguida de la minúscula con que se designa el espejo acústico (el plano de reflexión). Se ha trazado la marcha de un rayo de la misma onda para más claridad. La onda reflejada es igual a la parte faltante de la onda directa.

En (b) se generaliza el procedimiento a las cuatro paredes o espejos. Se advierte que no hay reflexión en el plano b, pues ninguna de las ondas lo alcanza. Así mismo, no han sido alcanzados ninguno de los cuatro ángulos, ni producidas reflexiones, las que se analizan en la próxima figura. Desde el punto de vista acústico, es interesante notar, que el local tiene la dimensión mayor indicada por los trazos que pasan por los puntos virtuales, algo similar a lo que ocurriría con la luz en local con paredes de espejos. Los locales con paredes reflejantes provocan la distribución de los sonidos y estos contribuyen a reforzar la audición en ciertas zonas. Se agrandan "acústicamente". La reflexión sobre pared plana, y el refuerzo del sonido que ello significa, ya fue conocido en la antigüedad y es básicamente el recurso que se empleó en la traza de los teatros al aire libre.

La reflexión en ángulos requiere atención. En la figura que se agrega a continuación, se han estudiado dos paredes que forman entre sí ángulos de 90° y 60° respectivamente. [13]

Las paredes reflejantes llevan doble letra para mayor claridad (a a). En (a), (Fig. 10) se obtienen por el mismo procedimiento de la figura anterior, las ondas reflejadas por las paredes a y b. Estas ondas se llamarán de Primer Orden. Desde el ángulo se propaga otra que se origina en la imagen virtual $F_{a,b} = F_{b,a}$. Esta onda se llamará de Segundo Orden. En total tenemos tres ondas denominadas 1; 2 y 3 para las que se marcan también los radios sonoros. En (b) de Fig. 10, se han obtenido dos ondas de Primer Orden 1-2. Dos ondas de Segundo Orden 3-4 y una última de Tercer Orden que es la 5, y que se origina en el ángulo. También se han marcado los radios R.

Este procedimiento gráfico ha sido aplicado en el estudio de la forma de la sala que se realizó en el ejemplo numérico Nº 3.

En todo lo visto, hemos analizado paredes lisas y duras o bien reflejantes. En la práctica, tales superficies estarán representadas por materiales de textura fina. Hay casos en que las cosas son diferentes, y así, un tratamiento en el interior de un local como por ejemplo un chorreado, da una textura muy diferente, que puede cambiar la reflexión regular vista. A medida que crece el tamaño de las irregularidades cambia la reflexión (no la ley) y esto como se verá puede ser quizá más conveniente.

[13] Ver para ampliar K. Weisse. Acústica de los locales. G. Gili.

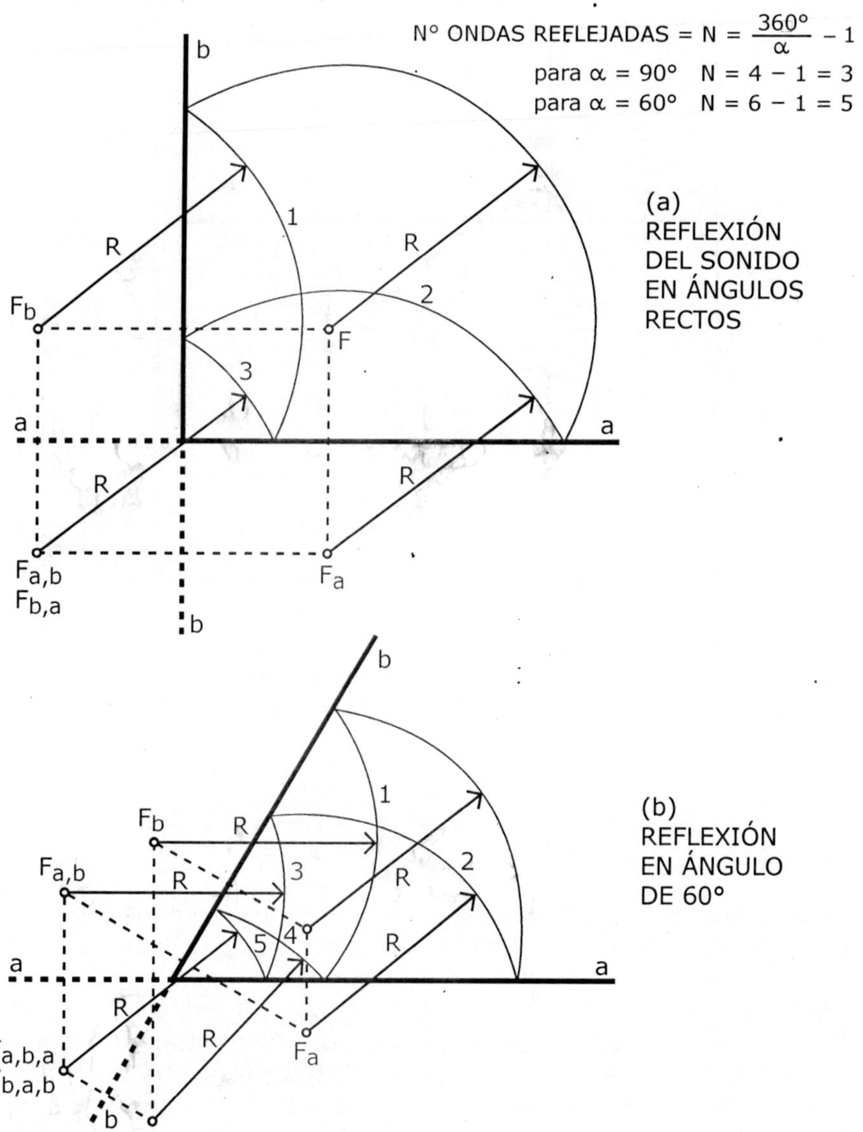

Figura 10

La figura 11 resume el sentido que tiene la aplicación del método de las IMÁGENES ACÚSTICAS. En la planta del local dibujado, por ejemplo un salón de reuniones donde hay un orador (F), una persona (A) escucha bien pues recibe la onda directa 1 y la reflejada 3. El sonido directo se refuerza. Además, las ondas se distribuyen o difunden en todo el ámbito.

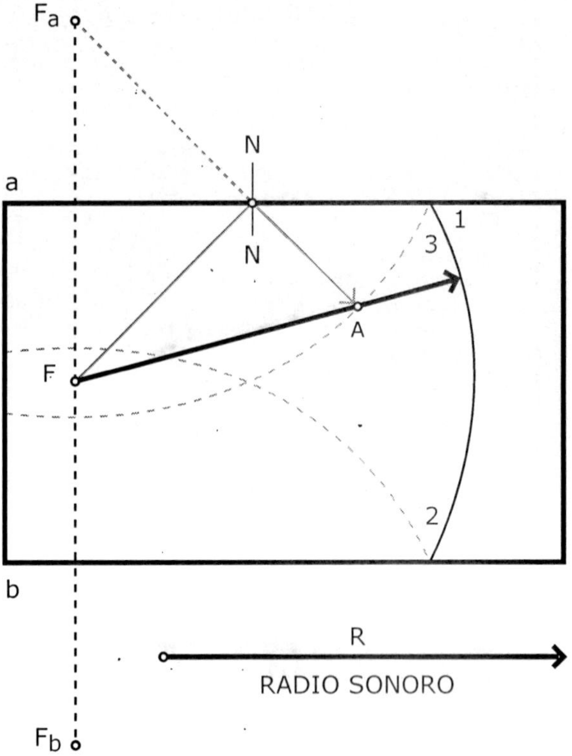

Figura 11

Difracción [14]

La difracción es el cambio de dirección de propagación de las ondas sonoras, debido a su pasaje alrededor de un obstáculo. La importancia de la difracción depende de la relación entre la longitud de onda (λ) y las dimensiones del obstáculo.

En fig. 12-a vemos como las ondas directas al encontrar el orificio de diámetro pequeño d, se difractan (Principio de Huyghens) formándose una sucesión de ondas secundarias. La onda incidente es de baja frecuencia.

En fig. 12-b las ondas directas provenientes del foco F y correspondientes a un sonido también de baja frecuencia, encuentran el obstáculo a, y lo bordean. Las ondas secundarias se suceden como continuidad de las directas (ondas difractadas se marcan en línea punteada). Se dibujó también el conjunto de ondas reflejadas 1'; 2'; 3' y 4' correspondientes a las ondas directas 1; 2; 3 y 4.

[14] C. E. A, citado.

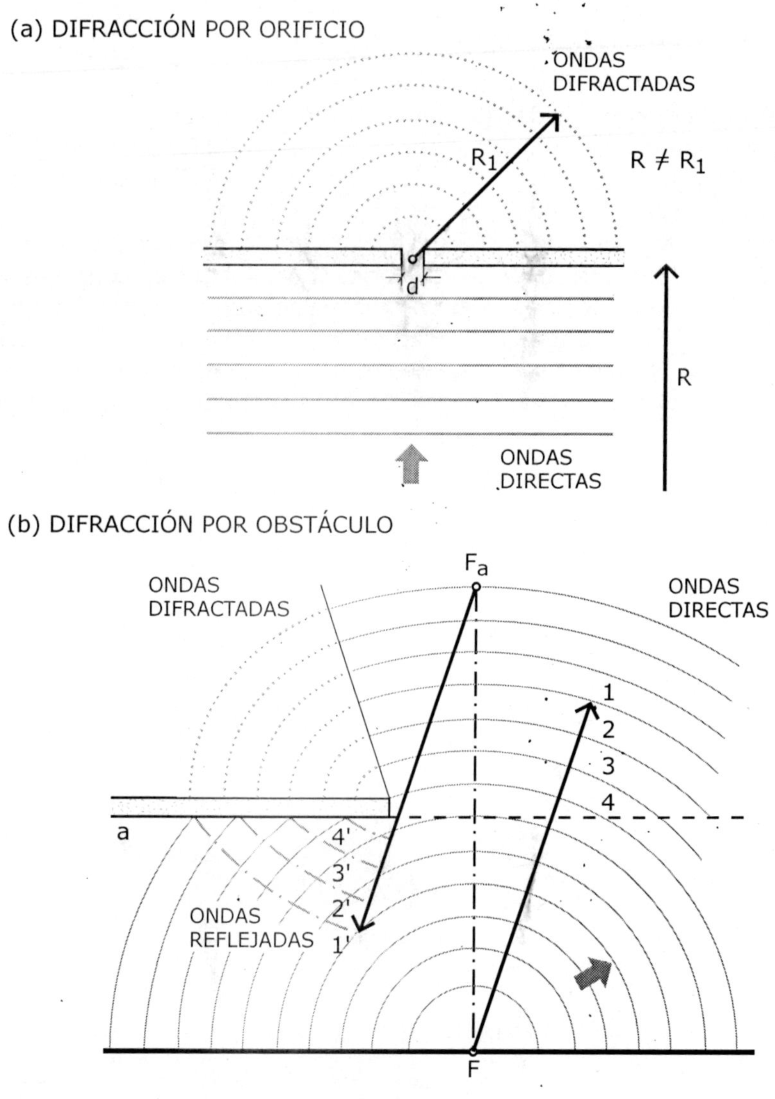

Figura 12

De acuerdo a lo visto, la propagación de los sonidos en línea recta (como un rayo sonoro) es sólo válida para longitudes de ondas pequeñas con relación a los espejos acústicos o superficies reflejantes, incluidos los obstáculos que pueden significar entrantes, salientes, aberturas etc. Cuando las longitudes de onda de los sonidos son grandes respecto de obstáculos, (o sea sonidos de baja frecuencia), estos se propagan entonces por difracción y no son detenidos, es decir no hay formación de sombras acústicas. Estos sonidos llegan a todo el ámbito en forma tal que su presión es sensiblemente igual alrededor de la fuente emisora.

Al hablar de direccionalidad del sonido no se hizo hincapié en esta cuestión y que en definitiva explica aquella propiedad. En efecto, alrededor de una fuente emisora de distintas frecuencias, los sonidos de longitudes de ondas cortas o sea agudos, son direccionales.

También por lo explicado, aparecería invalidada la propiedad de concentración de rayos sonoros de baja frecuencia por superficies cóncavas. Se dice también "que en sonidos tales como el discurso o la música, con diferentes valores de frecuencias, la difracción puede ser selectiva". Los componentes de baja frecuencia divergen enormemente, mientras que los componentes de frecuencia elevada continuar su trayecto en un haz estrecho.

3 PROTECCIÓN ACÚSTICA

Aislamiento de ruidos. Insonoridad.

Presentamos en su totalidad el problema que significa la protección contra los ruidos, tanto exteriores como interiores, mediante la figura esquemática de un edificio emplazado en zona urbana, es decir con su entorno.

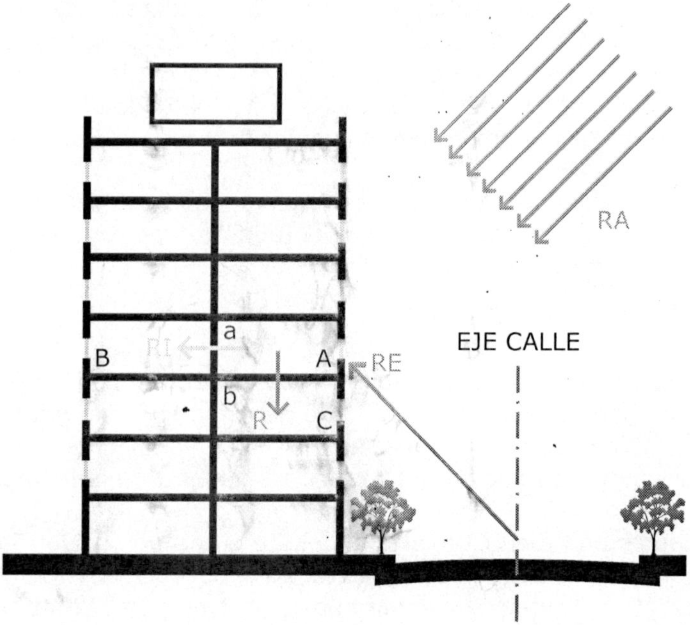

Figura 13

En el exterior del edificio se manifiestan los llamados ruidos callejeros.

Aquí los simbolizamos como RE y suponemos que previenen fundamentalmente de la calle, más, de su eje. Adoptamos como dibujo el rayo sonoro. El tránsito ocasional de aviones significa en tales momentos ruidos de bastante nivel sonoro, y los indicamos como RA.

Para los habitantes del departamento A, los ruidos RE son exteriores y a su penetración se oponen los cerramientos del edificio (paredes y ventanas).

Esas mismas personas, producen naturalmente, ruidos dentro de su casa y de acuerdo a sus características podrán ser percibidos o no por los habitantes de los departamentos vecinos B y C.

Los ruidos RI se comportan para los habitantes de B como antes los RE para los de A, y a ellos se opone el tabique a. los ruidos producidos por el tránsito de las personas en A producen molestias a los habitantes de C, para quienes llegan como ruidos de impacto R. A ellos se opone en mayor o menor grado; el entrepiso b.

En lo que sigue nos ocuparemos de los ruidos y la manera de atenuarlos.

El tipo de ruido provocado por el tránsito de aviones, no merece otro trato que el intento de atenuarlo, en base a lo que podamos lograr defendiéndonos de los RE. Este equivale a decir que es imposible atacar los (sólo la fuente de origen podría serlo). En cuanto a la reducción de niveles de ruidos de calles RE, esto debería entrar como parte de la legislación de los Municipios, en defensa de la estabilidad emocional de las personas que sufren los impactos de la vida moderna. Un nivel de ruido de calle intenso hace difícil, o mejor aún imposible, cualquier solución técnica y económicamente conveniente.

Abordamos a continuación las leyes fundamentales de la acústica, que inherentes al problema planteado, nos permitirán resolverlo (sino en su totalidad, en alguna medida).

Ley de Distancias

Por la explicación dada al principio, al hablar de su origen, todo sonido emitido se propaga al aire libre como una perturbación, que gradualmente se atenúa. Dicho de otra manera, la energía de una onda sonora, se va extinguiendo a medida que su radio crece con respecto a la fuente que lo originó.

Supongamos una fuente sonora que emite el mismo sonido. Sabemos que en distintos instantes la onda esférica irá ocupando sucesivas posiciones, con radios crecientes. Si comparamos dos esferas de distinto tamaño, con distintas superficies esféricas, siendo la presión la misma, (el mismo sonido) y teniéndose que repartir en mayor superficie, su valor por unidad de área será menor. La presión sonora es pues decreciente a medida que nos alejamos de la fuente.

Matemáticamente esto se expresa:

$$Reducción\ del\ NIVEL\ SONORO\ (dB) = 20\ Log \frac{D}{D_1}$$

D = distancia mayor a la fuente
D_1 = distancia menor a la fuente

En el caso de una distancia doble:

$$(dB) = 20\,Log\frac{2D}{D_1} = 20 \times 0{,}3 = 6 \quad (D = D_1) \qquad (*)$$

En el caso de una distancia cuádruple:

$$(dB) = 20\,Log\frac{4D}{D_1} = 20 \times 0{,}6 = 12 \quad (D = D_1) \qquad (**)$$

Resumiendo:

"Cada vez que la distancia a la fuente sonora aumenta al doble, el nivel sonoro disminuye en 6 dB".

Sea por ejemplo una fuente de 60 dB a una distancia D_1 = 5 metros. A 10 metros de la misma o sea D = 10, el ruido llega con un nivel de 54 dB. A 20 metros o sea D = 20 el ruido se percibe con 48 dB.

Esta importante ley permitiría conocer los ruidos que llegan de la calle RE, Fig. 13. Dichos ruidos son generalmente conocidos a nivel de eje de calle o hasta una distancia de 5 a 7 metros de él, y su valor, determinado por mediciones con aparato (M.N.S.).

A su ingreso al edificio se oponen los cerramientos, por lo que pasamos a enunciar la próxima ley, útil al conocimiento de lo que se llama en general "INSONORIDAD". La posibilidad de que un ruido llegue al interior del departamento A (Fig. 13), radica en que el mismo sea capaz de hacer vibrar al cerramiento (paredes, ventanas, etc.), y que en este caso da a la calle.

La mayor o menor posibilidad de que un cerramiento entre en vibración depende de que su peso (generalmente en kilogramos por metro cuadrado) sea menor o mayor.

El material, por otra parte, deberá ser homogéneo. Muchas veces se encontrará que en lugar de peso de cerramiento, se hablará de masa, siendo el significado cl mismo. En resumen tenemos:

Ley de Pesos o Ley de Masas

"La INSONORIDAD de un cerramiento depende de su peso o de su densidad superficial (Kg, por metro cuadrado). Cada vez que el peso se duplica, la INSONORIDAD se incrementa en 4 dB".

La INSONORIDAD es pues lo que un cerramiento aisla o bien es el aislamiento sonoro y se expresa en dB.

Esta ley se complica un tanto por influencia de las distintas frecuencias de los sonidos audibles. Si analizado el valor de INSONORIDAD por la ley de Pesos, tenemos en cuenta la frecuencia, cl cerramiento se comportaría con arreglo a:

(*) Log de 2 = 0,30103; redondeado a 0,3.
(**) Log de 4 = 0,60206; redondeado a 0,6.

Ley de Frecuencias

"La SONORIDAD de un cerramiento aumenta con el aumento de la frecuencia de los sonidos. Para una frecuencia doble de otra, "La INSONORIDAD aumenta en 4 dB".

Una ley matemática[15] permite aplicar ambas leyes en una misma expresión, y esto es complicado para aplicaciones como las nuestras. Se recurrirá pues a un gráfico que permite aplicar la Ley de Pesos o Masas para una frecuencia promedio (cosa común en acústica) (Ver gráfico 14).

Resumirnos a continuación para un cerramiento de 100 Kg/m2 [16] (densidad superficial) la variación de la INSONORIDAD en dB, para las dos últimas leyes enunciadas:

LEY DE MASAS		**LEY DE FRECUENCIAS**	
Densidad	*Insonoridad*	*Frecuencias*	*Insonoridad*
25 Kg/m^2	32 dB	125 Hertz	32 dB
50 Kg/m^2	36 dB	250 Hertz	36 dB
100 Kg/m^2	40 dB	500 Hertz	40 dB
200 Kg/m^2	44 dB	1.000 Hertz	44 dB
400 Kg/m^2	48 dB	2.000 Hertz	48 dB

Dice A. C. RAES:

"La figura 14 reúne los resultados obtenidos por los laboratorios norteamericanos, ingleses, alemanes y suecos con respecto a los siguientes materiales:

Cartón alquitranado
Madera
Vidrios y cristales
Placas de construcción livianas
Hormigones, incluso celulares
Mamposterías

Los materiales sonoros (baja INSONORIDAD) revisten características próximas del límite inferior I-I, los buenos aislantes (alta INSONORIDAD) se sitúan cerca del límite superior III-III.

Ilustramos el uso del diagrama mediante un ejemplo. Una pared de 100 Kg/m^2, en materiales sonoros, tendrá una INSONORIDAD media de 38 dB. Utilizando buenos aislantes es posible alcanzar los 45 dB con una pared de este peso.

15 A. Behar. Citado. Pág, 107.

16 Mathias Meisser, "Acústica de los Edificios", Edit. Técnicos Asociados, Barcelona.

GRAFICO DE LEY DE MASAS O PESOS según A. C. Raes

"Según él, la variación en dB por duplicación de pesos es de 3 dB"

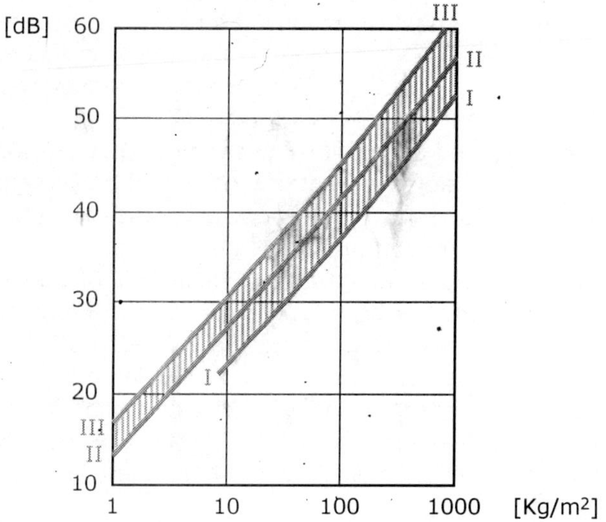

GRAFICO DE LEY DE MASAS O PESOS según C.E.A. (Bs. As.)

"Según él, la variación en dB por duplicación de pesos es de 4 dB"

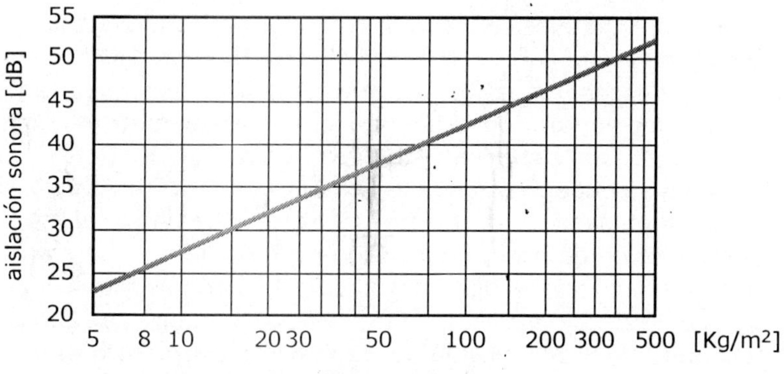

Figura 14

Tres elementos intervienen en la INSONORIDAD de una pared de mampostería: los ladrillos el mortero y los revestimientos. Sobre este asunto pueden formularse las conclusiones generales siguientes:

1° - Los ladrillos comunes, cocidos son los más INSONOROS.

2° - El mortero de cal determina mamposterías menos sonoras que el mortero de cemento. Debe darse la preferencia al mortero ligeramente graso, cuyo volumen de cal excede en algo el volumen de vacíos de la arena.

3° - Los revestimientos tienen cierta influencia en las mamposterías delgadas, pero en las paredes gruesas, es despreciable. Los revestimientos de cemento o yeso dan los mejores resultados.

Los ladrillos huecos constituyen un material de escaso peso, y consecuentemente, poco INSONOROS. Algunos modelos son incluso muy sonoros, hasta por su peso. Pueden presentar puntos débiles muy pronunciados para ciertas frecuencias.

Reemplazar una pared de ladrillos llenos por una de ladrillos huecos del mismo espesor, tendrá siempre el efecto de hacerla más sonora.

Los ladrillos porosos, esponjas u otros, no acusan esta tendencia a los puntos débiles. A menudo son insonoros por su peso.

Los hormigones estructurales tienen INSONORIDADES calculables por la línea I-I de la fig. 14. Los hormigones de piedra pómez ofrecen INSONORIDADES más elevadas dadas por las líneas II-II y III-III de fig. 14.

La madera. No es mala la INSONORIDAD media de las paredes de madera. Pero, pueden ser numerosos y muy pronunciados los puntos débiles por los cuales vibran fuertemente. No olvidemos que las maderas sirven para hacer instrumentos de música. El enchapado no cambia en nada esta propiedad.

Puede recurrirse a la madera para hacer los esqueletos de tabiques aislantes livianos, y como paramento (cerramiento) exterior de otros materiales.

A los vidrios y cristales se les puede atribuir en los proyectos los valores medios correspondientes a sus pesos, línea II-II fig. 14.

Como sucede con todas las paredes delgadas, son importantes las vibraciones de conjunto. Consecuentemente, los resultados obtenidos en grandes aberturas son notablemente inferiores a los que ofrecen las ventanas de marcos pequeños. Por otra parte las INSONORIDADES elevadas no se obtienen mediante un refuerzo del espesor de un panel único, sino por la yuxtaposición de hojas de espesores diferentes.

El plomo, pesado y maleable, permite hacer paredes muy insonoras y sin ningún punto débil para ninguna frecuencia. No habrán de construirse, evidentemente, paredes únicamente de plomo macizo. Pero el plomo en hojas de 1 a 2 milímetros puede utilizarse para reforzar la INSONORIDAD de paredes existentes".

Finalmente, aconseja el Profesor belga A. C. Raes para la ejecución de cerramientos: "No resulta práctico hacer más pesado un tabique (paramento, cerramiento, etc.) para INSONORIZARLO (al menos en las construcciones normales), pues se llega a pesos enormes: una tonelada por metro cuadrado para una INSONORIDAD de 55 dB.

La solución práctica está en la multiplicación.

Tenemos un tabique de $^1/_2$ ladrillo, cuya INSONORIDAD es de 40 dB y su peso de 150 kilogramos. Si aumentamos simplemente el espesor de nuestro muro, que así lo llevamos a un ladrillo, obtenemos una INSONORIDAD de 43 dB (algo menos de la establecida por otros investigadores, que estiman en 4 dB el aumento por duplicación del peso). Utilicemos nuestros 150 kilogramos en construir un tabique a un metro del primero. Esta vez hemos obtenido una INSONORIDAD de 80 dB. Pero el conjunto tiene 1,20 metros de ancho. Reduzcamos la distancia entre los dos tabiques simples (el conjunto seria un tabique múltiple). Las dificultades comienzan. A medida que la distancia disminuye, disminuye también la INSONORIDAD. En un espesor de 5 centímetros el todo se comporta como una pared simple de 300 kilogramos. Sólo a partir de los 10 centímetros el aumento de INSONORIDAD justifica los gastos y el desdoblamiento comienza a ser eficaz. Habría que admitir pues un espesor mínimo de alrededor de 35 centímetros. La explicación del fenómeno es simple. El aire en capas delgadas gana rigidez y se comporta como una capa de materiales duros. Forma finalmente un enlace rígido entre los dos tabiques. La INSONORIDAD de este conjunto es de 50 dB. Podemos todavía mejorar nuestro dispositivo reemplazando con un relleno el espacio que se abre entre los dos tabiques. Sustituimos así la capa de aire continuo por un medio absorbente de los sonidos. De tal manera resulta posible obtener resultados interesantes con distancias de 5 centímetros entre los tabiques. Resumiendo: Si se emplean dos tabiques de ladrillos, aplicarase uno de los siguientes procedimientos:

- Emplear ladrillos de materiales diferentes. Por ejemplo de un lado ladrillos comunes; del otro ladrillos porosos.
- Emplear los mismos ladrillos pero con morteros diferentes. Por ejemplo de un lado mortero graso; del otro mortero con cemento.
- Los dos tabiques simples habrán de construirse como si estuviesen solos.
- Los dos tabiques simples deben ser independientes. No podrá tolerarse ningún vínculo rígido (puente).
- El peso del material de relleno será 2 a 3 % del peso del tabique. Por ejemplo entre tabique de 100 Kg/m2 se colocará un colchón de 2 a 3 Kg/m^2.

Continuando con nuestro planteo de fig. 13, el tabique a, separatorio de los departamentos A y B, deberemos construirlo con ladrillos macizos del tipo común, a fines de aumentar su INSONORIDAD frente a los ruidos RI.

Además para así evitar desinteligencias entre los respectivos habitantes. Tales tabiques tendrán un espesor terminado de aproximadamente 0,15 metros, y una construcción tan hermética como sea posible, para impedir el paso de ruidos por difracción (orificios, vacíos, falta de mortero en juntas etc.).

Puertas y ventanas. INSONORIDADES

Por ser parte integrante, e importante de los cerramientos damos la siguiente información.

Puerta tablero: Insonoridad 30 dB (A. Behar)
Puerta placa: Insonoridad 20 dB.
Ventana: Construcción mediocre: 5 a 10 dB.
Ventana: corriente, vidrio 3 mm 15 a 25 dB.
Ventana: cuidadosa, vidrio 4 mm 28 dB.
Ventana: muy cuidadosa, vidrio 6 mm 35 dB. (A. C. Raes) [17]
Ventana: doble vidrio separados 2 a 3 cm., sobre un mismo marco 25 a 30 dB.
Ventanas: dobles hojas separadas hasta 20 cm. (máximo conveniente) hasta 53 dB.

Vidrios especiales

Cristales: de 9,6 mm espesor, burlete antivibratorio 30 dB.
Cristal: doble, 13 mm espesor y cámara aire sellada de 0,7 mm, burlete a 34 dB.
Cristales: dobles, 5 mm espesor c/u separados 40 mm, burlete b 35 dB.
Tipo a: llamado Gris Arquitectura.
Tipo b: puede llegar a condensar humedad (Información: Hojas N° 49 y 73 del BOWCEMTRUM).

Para determinar la INSONORIDAD de un cerramiento mixto (pared-puerta o pared-ventana) puede verse el procedimiento de A. Behar según gráfico Pág. 109. Este último se utilizó en la solución del ejercicio numérico. N° 1.

Ruidos de impacto R.

A través del entrepiso b, se producen ruidos ocasionados por el tránsito, movimiento del equipamiento, objetos que caen, etc. La secuencia con que ellos se producen no es de ninguna manera regular. Quizá para el piso inferior, serán algo más tolerable a ciertas horas del día. (Enmascaramiento). Sabemos que durante la noche, los ruidos se magnifican, y así resultarán probablemente intolerables. Para mayor complicación, parte de los ruidos del departamento A llegarán a C como antes RI llegaba a B, es decir haciendo vibrar el entrepiso no por golpe, sino en forma de ruido aéreo, o sea como hasta el momento los habíamos considerado. La solu-

[17] A. C. Raes, citado.
Nota: la construcción cuidadosa se refiere al ajuste y al uso de burletes.

ción deberá contrarrestar la influencia de ambos. La técnica actual en nuestro país, para edificios de pisos, emplea el hormigón armado en las estructuras resistentes. Además, salvo contados casos, los cerramientos son de mampostería. Ambos son vías sólidas de transmisión de ruidos. No está al alcance del presente estudio, seguir el camino de ruidos que ganan tales elementos y por los que se trasladan a elevada velocidad. Todo ello no solamente es desconcertante, sino que, aún pudiendo detectarlos, resultan muy difícil eliminarlos o atenuarlos, debido en gran medida a las complicaciones constructivas. Sabido es que en una estructura de hormigón sólo hay un medio de evitar el paso de los ruidos y ello está en el "corte del elemento". Sin embargo, cortar una estructura puede ser cuando las piezas son solicitadas a la compresión, y no resulta posible en otros

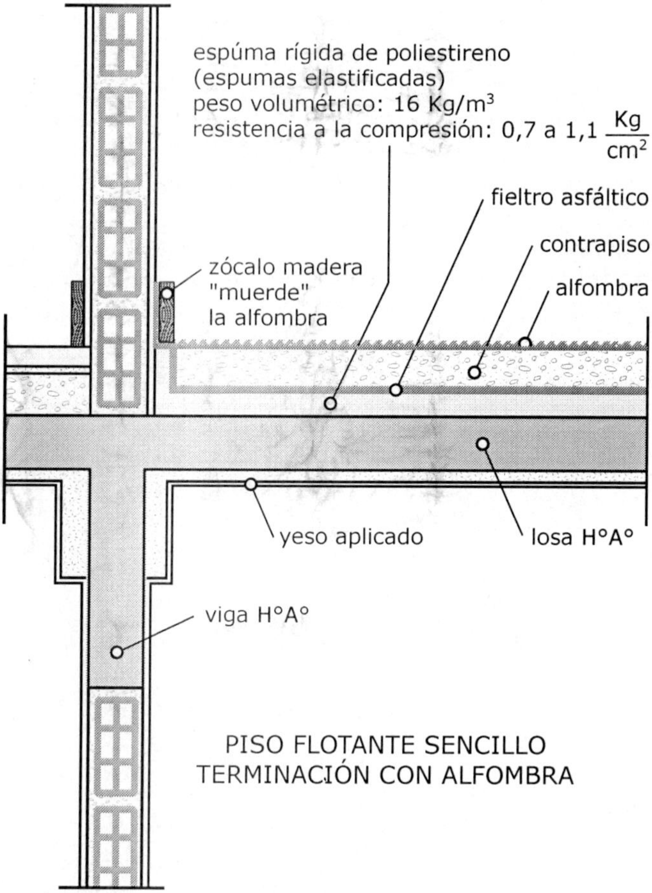

Figura 15

casos como la tracción. Las estructuras cortadas "flotantes", hacen por su complejidad, pensar antes en eliminar la fuente del ruido. Las paredes de ladrillos se comportan para la transmisión de ruidos, como verdaderos "tubos" (Raes). Un tubo (un pasillo, caja de ascensor etc.) permite, que un sonido, reflejándose sucesivamente en sus caras internas, se conduzcan a lo largo del mismo con muy poca pérdida de energía. (*)

La losa de hormigón del entrepiso b, generalmente de 0,10 metros de espesor y un peso específico de 2.400 Kg/m^3, no es despreciable frente a la ley de Pesos o Masas. Con una densidad de 240 Kg/m^2, su INSONORIDAD es de 42 dB (línea 1-1) según la figura 14. Podría, frente a los ruidos aéreos, comportarse relativamente bien. No obstante, frente a los impactos sucederá lo contrario. Por lo dicho, es siempre aconsejable, dejando de lado la especulación que significa la inversión, construir entrepisos de 0,08 a 0,10 metros de espesor. Si lo último responde a exigencias de instalaciones, mejor, pues la ventaja es doble.

Se sugiere al respecto, y como posibles soluciones (parciales) al ruido de impactos, el empleo de solados o pisos de materiales resilientes, del tipo de la goma. La otra variante es cl piso "flotante". La fig. 15 esquematiza uno, donde el fieltro asfáltico hace de barrera al posible contacto contrapiso-losa.

El material elástico, además de imputrescible deberá tener resistencia a la compresión. No debe haber conexión alguna entre contrapiso y losa. También deben desconectarse los zócalos de las paredes vecinas.

(*) Sobre estos temas consultar obras especializadas como: "Acoustical Designing in Architcture". Knudsen y Harris.

4 ABSORCIÓN ACÚSTICA

Absorción de los sonidos

En el capítulo anterior hemos visto la manera de atenuar los ruidos que llegan a un local, desde la calle o desde otro local vecino. Aquí en cambio, nos referiremos al tratamiento que daremos a los ruidos interiores, es decir a los originados dentro del propio local. Esta es una cuestión muy relacionada con las dimensiones del ambiente por un lado, y con los materiales de terminaciones interiores (pisos, revoques, cielorrasos, etc.) por el otro.

Cuando un local tiene sus paredes muy reflejantes, hemos visto que se "agranda" acústicamente. Si las dimensiones del mismo son reducidas, habrá sucesivas reflexiones que "sostienen" al sonido. Suele decirse de tales lugares, que son resonantes o reverberantes. A menudo, y siempre en función de pequeñas dimensiones, la resonancia no conviene. Mejor resulta para entenderse, la misma sala cuando el sonido no persiste por encima de lo "normal".

No sabemos que es lo normal por ahora, pero más adelante se irá comprendiendo su significado. Hay un ejemplo que siempre viene bien y es el del baño familiar. El da una idea de lo que es la resonancia, pues en su interior, todos hemos comprobado muchas veces que nuestras cualidades para "cantar" son bastante buenas. Otro caso, interesante también, ilustra sobre lo que no es resonante y lo constituyen las cabinas telefónicas. En ellas, en general, aparecen las paredes revestidas con materiales absorbentes que restan a los sonidos la posibilidad de reflejarse, al menos en parte. Las conversaciones resultan bastante claras.

A la luz de estas explicaciones poco académicas, surge que el sostener los sonidos es también y fundamentalmente, un problema muy relacionado con el destino del local. Veremos a continuación, con ayuda del método de las imágenes, el refuerzo que recibe el sonido de una fuente F, en el caso hipotético de superficies totalmente reflejantes (paredes, techo y pisos) en local de pequeñas dimensiones.

Cada uno de los espejos acústicos (a, b, c, d, t y p) actúa como una nueva fuente sonora. Se ha marcado la onda sonora directa de radio R, y todas las reflejadas en ellos (1, 2, 3, 4, 5 y 6). Tenemos pues siete fuentes sonoras, y en un lugar tal como el indicado con A, la magnitud del sonido recibido sería la resultante de sumar los niveles sonoros de todas ellas (suma de niveles en forma logarítmica). Así las cosas, veríamos que

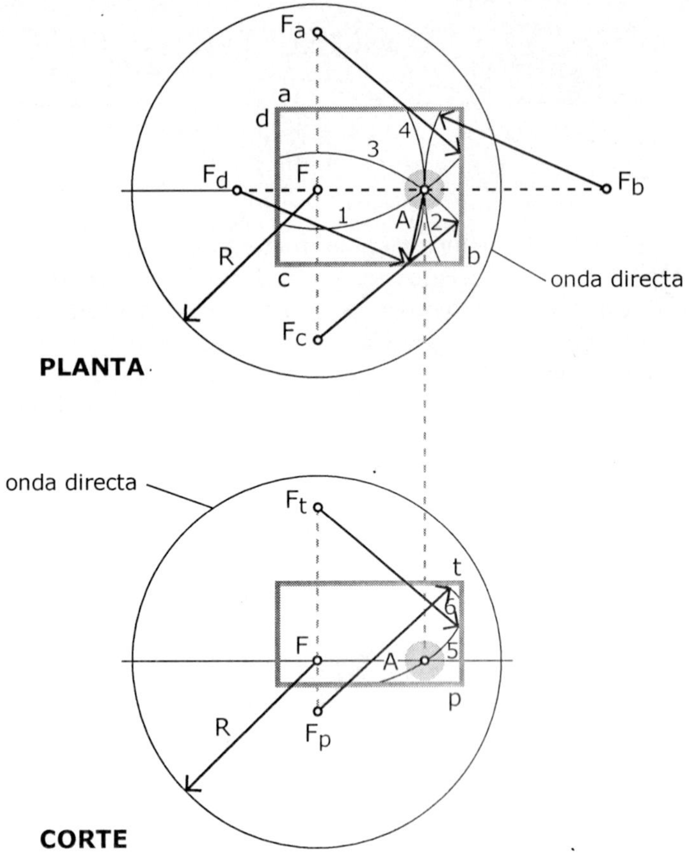

Figura 16

si la fuente F tiene un nivel de N dB, la suma de todas nos dará:

$$F + F_a + F_b + F_c + F_d + F_t + F_p = N\,dB + 8\text{-}9\ dB$$

El incremento es de 8 a 9 decibeles en el caso hipotético de reflexiones sin debilitamiento de los sonidos reflejados. Si quitáramos de repente todos los cerramientos a, b, c, d, t y p, el sonido emitido por F se propaga en el aire, hasta que se extingue. Hemos eliminado totalmente la reflexión logrando en cambio una ABSORCION total.

Así, pues, cuando la absorción (por el aire) es máxima, la reflexión es nula. La unidad de absorción es entonces la unidad de abertura y vale 1 (por ejemplo una ventana abierta que tenga 1 metro cuadrado). La fuente sonora F tiene pues su nivel normal, no hay incrementos por reflexión y además, queda demostrado, que así como antes con todos los espejos acústicos, el incremento podía ser de 8-9 dB, ahora la absorción máxima no puede ser mayor de 8-9 dB. En la práctica de la acústica de los locales, es sabido que los cerramientos (a, b, c, etc.) tienen una cierta aptitud o comportamiento frente a los sonidos que los solicitan. Ya vimos que podían vibrar. También debemos agregar ahora, que además de permitir las fugas (traslado del sonido por vía sólida), absorben parte de la energía y un cierto porcentaje es reflejado. Esta absorción de cada material, variable con sus características de fabricación, o elaboración artesanal, queda identificada por un coeficiente llamado simplemente "a" y su unidad, es decir el valor 1 corresponde a la ventana abierta. Ningún material corriente puede llegar a dicho valor de "a" y además, este varía para cada material, con la frecuencia de los sonidos. En función de esto último es que se ha generalizado una clasificación de los absorbentes en:

- Absorbentes de alta frecuencia
- Absorbentes de baja frecuencia

Antes de analizarlos, digamos que si bien el uso de absorbentes presupone absorber la totalidad de las frecuencias, en la práctica no ocurre así. Sólo se opera con una banda que va de 0 hasta 5.000 Hz (el oído es capaz de captar sonidos que van desde 16 hasta 20.000 Hz). Los sonidos empleados en terapéutica actualmente y que son llamados Ultra Sonidos, llegan hasta 1.000.000 Hz. En los umbrales de las bajas frecuencias hallamos los Infra Sonidos. Consideraremos en nuestras aplicaciones:

128 Hz; *256 Hz*; *512 Hz*; *1.024 Hz*; *2.048 Hz* y *4.096 Hz*

Como la respuesta en términos de absorción no permitirá exceder los valores 8-9 dB como se ha demostrado, se deberá sopesar prudentemente el alcance que el uso de los materiales absorbentes tiene en la práctica.

Absorbentes de alta frecuencia [18]

Trabajan esencialmente por rozamiento. Es importante la textura del material, particularmente la que se asemeja a la trama de las telas o los tejidos, este es una red infinitamente grande de vacíos ocupados por el aire, e intercomunicados entre sí. El autor citado, dice en cambio estructura de "piedra pómez", de tal modo que soplando aire con los labios, el mismo penetra en los intersticios del material. Según la posibilidad de penetrar del aire, la actividad del material será más superficial o más profunda (con respecto a sus medidas en el sentido del espesor). En efecto, la masa de aire excitada por la perturbación que significa el sonido, pone en movimiento las moléculas, que vibran alrededor de posiciones de equi-

[18] K. Weisse, citado. También Knudsen-Harris, citado.

librio. Si la longitud de onda es pequeña (alta frecuencia) con respecto a las dimensiones de un orificio por donde puede el aire ingresar, las partículas en movimiento agotan su energía al rozar, degradan aquel valor por viscosidad, o disipan su energía por calor. Es importante tener siempre presente la longitud de onda, pues sabemos que la difracción obedece a sus propias leyes. Entonces, si los intersticios penetran profundamente en el material, la actividad se desarrolla muy dentro del mismo y en caso contrario, más en la superficie. Un material muy conocido, además de las citadas telas, es el que se fabrica con fibras de madera y que en la terminología corriente se llaman "baldosas perforadas".

El nombre correcto es Acustic Celotex. Muestran los característicos agujeritos de 5 milímetros cada 12 milímetros de distancia entre centros (un tipo). La cantidad de agujeritos, su tamaño y distanciamiento no es al azar. Además, los primeros no son pasantes a través del espesor de la baldosa. Cuando una baldosa cualquiera, del tipo acústico, tiene orificios pasantes, debe colocarse del lado de atrás, un material absorbente (ciertos tipos de baldosas de yeso).

Cuando un orificio superficial se prolonga a través del material y se continúa con espacios de aire (baldosa separada de una pared, o de cielorraso) trabaja en alguna medida como un resonador de Helmholtz. [19]

Muchos de los materiales de construcción de terminaciones, funcionan en general como absorbentes de alta frecuencia (revoques, yesos, revestimientos, etc.) en mayor o menor grado, de modo que así insinuamos otro grupo.

Para conocer un poco la respuesta de los absorbentes de alta frecuencia, en términos de coeficientes de absorción "a" veamos algunos (que se utilizan en la parte final de esta publicación, en ejercicios de aplicación y dentro de un grupo de varios, como se verá).[20]

Material	Valores de la absorción "a" para frecuencias [Hz]					
	128	256	512	1024	2048	4096
Cortinas de terciopelo	0,14	0,35	0,55	0,72	0,70	0,65
Acustic Celotex	0,09	0,15	0,61	0,77	0,70	0,64
Yeso armado	0,02	0,03	0,04	0,06	0,06	0,03
Grueso y fino a la cal	0,04	0,05	0,06	0,08	0,04	0,06

Como se advierte, los materiales aumentan los valores de "a" en general hacia las altas frecuencias, sin que ese aumento se produzca según una determinada secuencia, siendo esto más notable en algunos materiales.

[19] Acústica de los teatros G. L. Fuchs. págs. 1-2, F.A.U. Córdoba.

[20] Para distintos coeficientes ver C.E.A., citado.
Nota: Yeso armado equivale a yeso sobre metal desplegado.

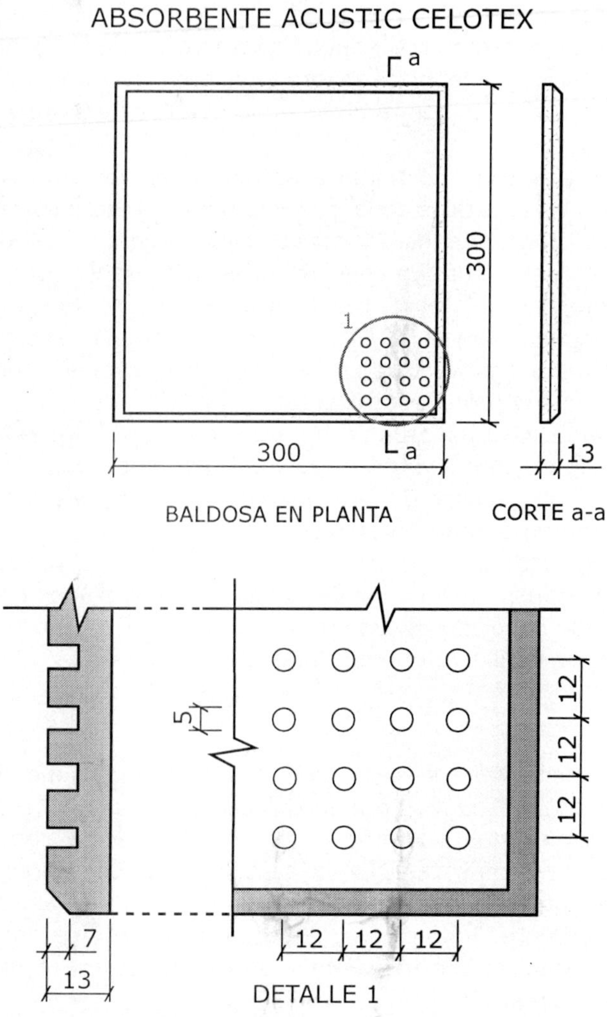

Figura 17

En la fig. 17 vemos la baldosa Acustic Celotex con todas sus medidas y otras características. El area de agujeritos y el área total están en la siguiente relación:

A) Area agujeritos: $(21 \times 21 \times 3{,}14 \times 0{,}5^2) \div 4 \quad = 86{,}54\ cm^2$

B) Area baldosa: $30 \times 30 \quad = 900\ cm^2$

A representa aproximadamente el 10% de B.

El material de la baldosa no puede ser considerado como un material "noble", esto es de larga vida y buena conservación. Es naturalmente blando y por lo mismo, no soporta mayormente el roce. Además viene ya fabricado con su color. Preocupa también en lo que hace a su uso constructivo, el hecho de ser muy combustible.

Todo lo que se dice, no significa en modo alguno "empañar" las excelentes cualidades acústicas de la baldosa. Sólo se quiere llamar la atención sobre la concurrencia de los distintos factores, que a veces, determinan la elección de unos u otros. En conclusión, es interesante estar informado o solicitar la información, sobre "todos los aspectos que conciernen a la elección de determinado material". Los buenos materiales están respaldados generalmente por ensayos, de cuyos resultados se puede tomar información por vía de sus propios fabricantes.

Una variante para absorbente de alta frecuencia (uso actual), la da el enlistonado de madera separadas por ranuras, montadas sobre un absorbente del tipo de celdillas de aire (lana de vidrio por ejemplo). La absorción se cumple en el material poroso.

Del mismo modo se produce la absorción cuando se utilizan varillas de aluminio, separadas por una luz de pocos milímetros unas de otras, como en el caso muy conocido de los cielorrasos actuales. El absorbente queda oculto entre las varillas y el material que las recibe. [21]

Absorbentes de baja frecuencia

Trabajan esencialmente por vibración. En términos generales comprenden una lámina o placa más o menos rígida (maderas, aglomerados, etc.) separadas del elemento portante (paredes) por una cámara de aire. Solicitadas por el sonido, tales láminas vibran en las bajas frecuencias y son amortiguadas por el aire. Ocasionalmente la cámara de aire va rellena de material absorbente. Todo este conjunto suele ser comparado en términos de modelo mecánico, con una pesa y un resorte. La pesa reemplaza a la placa y el resorte al aire.

Para saber porque es un absorbente en determinada frecuencia (baja), leamos las explicaciones siguientes: [22]

"a) Si hacemos vibrar fuertemente un diapasón y le arrimamos otro que corresponde al mismo tono (la altura del tono depende de la frecuencia y es una sensación psíquica), este entrará en estado vibratorio: es evidente que el segundo diapasón, para entrar en vibración ha absorbido energías sonoras del primero: a esto se llama estar en RESONANCIA con aquel".

La frecuencia de resonancia de una placa se llama frecuencia propia en

[21] A. Behar, citado.

[22] E. De Lorenzi. Teatros, Auditoriums, Cines. Editorial Fenner. 1937.

este caso, y puede ser determinada en Hertz con ayuda de la fórmula:

$$f = \frac{600}{\sqrt{m \cdot l}} \text{ [Hertz]}$$

Fórmula de E. Meyer [23], donde 600 es una constante que tiene en cuenta varios factores entre ellos el peso del aire (que varía con la temperatura, humedad, etc.), m es la densidad superficial en kilogramos por metro cuadrado, o sea el peso de la lámina o placa, y *l* es el espesor de la cámara de aire en centímetros. Esta última expresión tiene validez cuando el panel, la lámina o la placa es tan delgada, que su rigidez es débil en relación a la que resulta de la cámara de aire. Con elementos rígidos, la frecuencia calculada resultará por debajo de la real. Recordemos aquí, lo que anteriormente se indicó para las cámaras de aire "cuando menor es su espesor, el aire confinado entre dos láminas, más rígido se vuelve (en términos acústicos)".

En la práctica, los absorbentes de baja frecuencia se resuelven mediante láminas o placas montadas sobre un bastidor de madera, el que a su vez se fija a las paredes con vínculos resilientes (desconectado de la pared, aunque soportado por ella). Debido a esta disposición se dice que tales absorbentes trabajan por "montaje".

Una variante interesante de los paneles mencionados, consiste en utilizar como lámina, absorbentes de alta frecuencia, por lo que entonces el montaje funciona como absorbente de alta y baja frecuencia.

La fig. 18 corresponde al caso de bastidor con cámara de aire y lámina o placa formada por nuestras conocidas baldosas acústicas. Este diseño tomado de una publicación autorizada, incluye relleno de la cámara de aire con material absorbente. Según WEISSE tal relleno sólo es necesario a lo largo del encuentro entre las baldosas y los tirantillos a los cuales van clavadas, dejando el centro libre. Como resulta obvio, la densidad en kilogramos por metro cuadrado incluye el peso de todos los elementos.

Los absorbentes de baja frecuencia implican coeficientes de absorción "a" bastante elevados. Por ejemplo, ciertos montajes dan un "a" comprendido entre 0,4 y 0,6, entre los 128 y 256 Hertz.

Los absorbentes de baja frecuencia que emplean el principio del resonador de Helmholtz, consisten en montajes donde la lámina tiene perforaciones redondas o alargadas. Cada una de ellas con más el espacio de cámara que le corresponde (entre la lámina y la pared) forma un resonador. Como entonces resultan varios resonadores, se dice que están acoplados.

El resonador de Helmholtz es comparable a una botella, y en ella hay una relación de volumen del cuello a volumen del cuerpo. El aire excitado

[23] K. Weisse citado.

del cuello (la masa en el modelo mecánico), empuja contra la del cuerpo que funciona como amortiguador (resorte).

El conjunto entra en resonancia a bajas frecuencias y absorbe energía en la onda sonora incidente, precisamente la energía necesaria como en el caso explicado antes del diapasón.

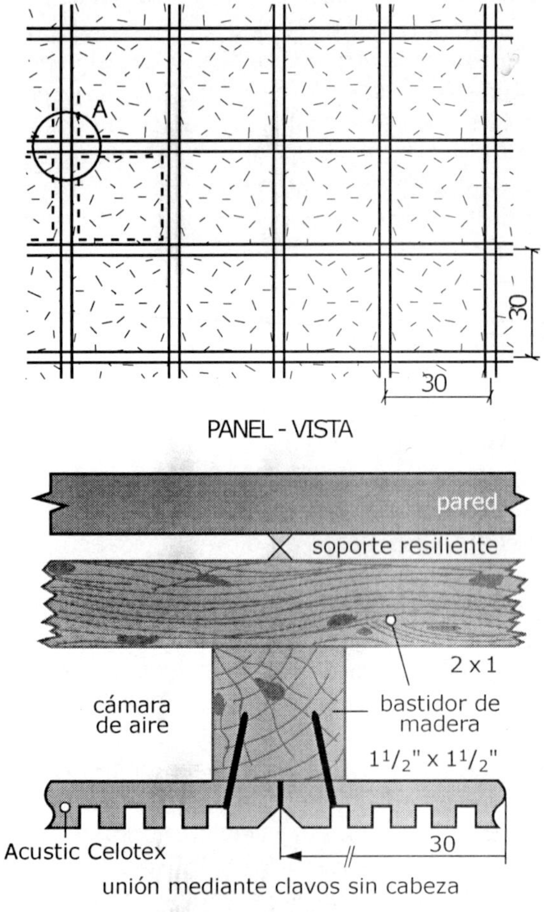

DETALLE A REBATIDO

Figura 18

El montaje con resonadores acoplados parece ganar terreno, debido a su sencillez de construcción.

Aunque mucho después se supiera, los resonadores fueron básicamente los primeros dispositivos acústicos empleados en los antiguos teatros al aire libre. Estaban ubicados bajo el plano de los asientos de los espectadores. También y como dato de interés, en aquellos tiempos, los actores utilizaban una bocina contenida en las propias máscaras. [24]

Volviendo ahora nuevamente a nuestro planteo de absorber los sonidos en un lugar de dimensiones reducidas, veremos la modalidad que se sigue en cuanto al método de cálculo con los absorbentes. Digamos en principio que partimos de local sin equipamiento y por lo tanto hacemos intervenir en nuestro problema acústico, solamente las partes constructivas predominantes o que decididamente pueden intervenir a los fines propuestos. En este último aspecto, resulta de interés señalar que las dimensiones pueden jugar de este modo: locales muy bajos, hacen que los espejos acústicos representados por cielorraso y piso sean predominantes. Locales altos en cambio, realzan la importancia de los cuatro espejos restantes (paredes). La presencia de aberturas toma en algunos casos, gran importancia.

Contando como es de suponer, con planos, disponemos entonces de todos los elementos, materiales etc. y sus medidas exactas. Así mismo, y con el auxilio de tablas de coeficientes de absorción "a" anotamos las que corresponden a aquellos materiales, para la gama de frecuencias vistas. Se realiza entonces una operación simple y que consiste cn determinar las unidades de absorción U.A en metros cuadrados, obtenidas de multiplicar cada área constructiva por su coeficiente respectivo. Daremos un ejemplo: Sea una superficie de revoques grueso y fino a la cal, de 100 metros cuadrados. En base a los coeficientes dados en otra página, tendríamos las siguientes U.A. en metros cuadrados (ya que "a" no tiene dimensión)

Para	128 *Hz*	100 m^2 x 0,04 = 4	*UNIDADES DE ABSORCION = U.A. m^2*
	256	x 0,05 = 5	
	512	x 0,06 = 6	
	1.024	x 0,08 = 8	
	2.048	x 0,04 = 4	
	4.096	x 0,06 = 6	

Se tienen así las unidades de absorción U.A. m^2 en el local. Posteriormente, y queriendo atenuar el nivel sonoro (máximo 8-9 dB), disponemos una cierta cantidad de absorbentes, cambiamos algunos de los revestimientos anteriores etc., todo lo que significará por aplicación del mismo procedimiento, un nuevo valor de U.A. m^2. Como hablamos de absorber, queda claro que las U.A. m^2 del local tratado son mayores que la U.A m^2 del local no tratado. La reducción del nivel sonoro estará dada entonces por:

$$\text{Reducción (dB)} = 10 \, Log \frac{U.A. \, m^2 \text{ (tratado)}}{U.A. \, m^2 \text{ (no tratado)}}$$

[24] E. De Lorenzi, citado.

Cuando el local tratado tiene una cantidad de U.A. m^2, doble que en el local no tratado, es decir la relación de las unidades de absorción vale 2, el nivel sonoro se habrá reducido en 3 dB, según se puede comprobar:

Reducción (dB) = 10 x 0,3 = 3 *dB* (Se hace para cada frecuencia)

Hay Gráficos que eliminan esta última operación, simplificando el cálculo. [25] (Ver aplicaciones, en el ejercicio numérico Nº 2).

[25] C.E.A. citado. Método apres-avant.

5 DISEÑO ACÚSTICO

Tratamiento acústico de salas

Según el programa de diseño, se conocen o están definidos, los siguientes aspectos:

a) Entorno
b) Destino de la sala
c) Equipamiento e instalaciones

- *Entorno*

Es importante la calma en general, sobre todo cuando de lugares de reuniones al aire libre se trata. Este último caso se refiere a teatros al aire libre [26], donde tiene una gran importancia, la aplicación de las leyes ya vistas de distancia por un lado, y el método de las imágenes acústicas por el otro [27]. En emplazamientos urbanos corrientes, con fuertes ruidos, se impone la aislación desde el exterior hacia el interior. En cambio, si hay vecinos en ambas medianeras, hay que tener presente que ellos no deben ser afectados por lo que dentro de la sala se realice. Resulta así, que muchos locales de espectáculos públicos, tienen severos tratamientos de aislación. Felizmente en las salas cinematográficas, donde razones constructivas y estructurales, llevan necesariamente al empleo de grandes espesores de paredes, vemos que las alternativas están a favor del diseño acústico (ley de pesos o masas).

- *Destino de la sala*

Básicamente las salas están destinadas a la música o a la palabra, o bien a ambas simultáneamente en nuestros tiempos. Lejos estamos aquí de analizar las implicancias que la elección de uno u otro destino tienen, o han tenido a lo largo de mucho tiempo, y como el ingenio y la astucia de tantos genios de la arquitectura modelaron verdaderos templos acústico-arquitectónicos. [28]

También conviene decir aquí, que el freno a tanto ímpetu de crear, fue

[26] C.E.A, citado. Se puede allí agotar este tema.

[27] Como complemento de este tema ver Neufert. Arte de proyectar en Arquitectura, pág. 218. Tema: teatros. G. Gilli.

[28] E. De Lorenzi, citado. Historia del teatro.

puesto por los equipos electroacústicos (el altoparlante). Los niveles sonoros adquieren otra dimensión, y así la fuente sonora básica en todas las especulaciones de diseño, deja de ser importante, pues no es el orador el manantial tradicionalmente estudiado.

Interesa de cualquier manera aquí, determinar el volumen de la sala en metros cúbicos y luego el volumen por asiento, esto es la cantidad de metros cúbicos de aire por espectador.

- *Equipamiento e instalaciones*

Las máquinas en movimiento (translación y rotación) y los fluidos en movimiento (aire, agua etc.) circulando por conductos o cañería, producen ruidos de importancia.

Frente pues a las solicitaciones del entorno, la respuesta de nuestra sala será más satisfactoria (tanto sea como respuesta acústica o como respuesta en términos de confort) si los cerramientos han sido tratados. Frente a las exigencias puramente acústicas, la cosa obliga a contemplar varios aspectos que se irán analizando. Esto es entonces el fundamento del estudio de este capítulo.

Volumen por asiento

Está dado por la relación: VOLUMEN DE LA SALA: Nº DE LOCALIDADES

Según WEISSE:

SALAS PEQUEÑAS	tienen	3-5 Metros cúbicos por asiento
SALAS MEDIANAS	tienen	4-6 Metros cúbicos por asiento
SALAS GRANDES	tienen	5-10 Metros cúbicos por asiento

Además del aspecto acústico en si, esta relación importante que es el volumen por asiento, representa para los menores valores, o sea para salas pequeñas:

- ❑ Menor costo de construcción.
- ❑ Menor costo de instalaciones.
- ❑ Menor costo de mantenimiento y operativo.

Forma de la sala

Evidentemente, el volumen por asiento puede fijarse de antemano, sin aún haber dado la forma de la sala, o también cuando esta, esté delineada.

Consideraremos nuestro problema en función de la forma de:

a) Planta.
b) Plafond o cielorraso.

Las plantas, imposible de abarcar en todas sus formas, pueden aproximadamente tomar las siguientes disposiciones conocidas:

Plantas (sólo algunas formas)

- ❑ Cuadrada.
- ❑ Rectangular.
- ❑ Trapecial.
- ❑ Circular.
- ❑ Elipsoidal.

Los plafones tienen también posibilidades infinitas de formas, y consideraremos:

Plafond (sólo algunas formas)

- ❑ Planos lisos.
- ❑ Planos quebrados.
- ❑ Curvos o redondeados.

En todo lo atinente a plantas, es bueno recordar que las cuestiones visuales no deben desglosarse del tema que nos ocupa. Así pues y como conjunción habrá buena visibilidad en ambos sentidos. En esencia, este es la propia raíz del teatro, lugar donde desde remotos tiempos la gente estaba dispuesta a "ver y oír". Los factores de diseño deben estar permanentemente en juego en todo esto, aunque no se insista en ello.

A poco que se incursione en el campo del diseño acústico de estos momentos, se encontrarán nuevas orientaciones, que hacen del concepto de "ver y oír", notables variantes en relación a lo ya clásico. Dice al respecto G. L. Fuchs: "En los últimos treinta años, se ha diversificado el diseño partiendo de la planta en abanico y llegando a la asimetría total".

Agrega luego: "Ejemplos sobresalientes de novedoso diseño acústico-arquitectónico son las salas como el Philarmonic de Berlín en que se rodea totalmente a la orquesta, o la Liederhalle, totalmente asimétrica".

Por último: "La adecuada difusión (del sonido) que en los teatros clásicos se lograba con la decoración abundante, es difícil de alcanzar con la simplicidad de líneas actuales. Se recurre ahora a superficies quebradas, elementos suspendidos, etc.

Otras consideraciones de orden práctico, podrán en muchos casos imponernos condiciones que restan "flexibilidad" al diseño. Nos referimos concretamente a los terrenos donde debe proyectarse con ajuste a la cuadrícula urbana corriente. Así pues, un lote angosto y largo dará de antemano las pautas a seguir.

De las formas de planta mencionadas, la elección recaerá en principio en las rectangulares. Esta aseveración se hace en base a la propiedad importante que es la direccionalidad del sonido. Además la simplicidad y el aprovechamiento del área edificable.

Algunos autores sugieren ciertas proporciones a tener en cuenta: si el módulo es el ancho, el largo resultará entre uno y dos módulos. El alto estará comprendido entre el tercio y los dos tercios. No se da aquí un módulo, ello es imposible por la cantidad de variables. Para nuestros fines, hemos considerado como límite aquellas salas donde la fuente sonora puede ser la voz. Tal el ejemplo numérico N° 3 que se da al final. Por esta razón nos manejaremos con dimensiones de hasta 25 metros para el largo de la sala. De aquí en más y con equipo electroacústico, el diseño surgirá de la tarea mancomunada del arquitecto y el técnico acústico. Como se comprende, también la disposición de los músicos de una orquesta en un escenario impone exigencias. [29]

La divergencia de las paredes laterales mejora la reflexión y permite así, reforzar los sonidos en los lugares que convengan. Estamos pues citando la forma trapecial. La elíptica y la circular pueden traer problemas de concentración de sonidos en determinados lugares de la planta, lo que está de acuerdo al estudio geométrico realizado para superficies cóncavas. La forma cuadrada puede estar impuesta por razones visuales en determinados espectáculos y donde hay que hacer "ver", más que oír. Los planos de techos o plafones quebrados, mejoran acústicamente la sala si se los orienta para reflejar a zonas débiles y obtener así nuevos refuerzos del sonido.

Una cuestión importante en todo esto, puede resumirse en que lo ideal en acústica, es lograr que los sonidos lleguen a todos los lugares de la sala con el mismo nivel de presión sonora. Esta simple (y al mismo tiempo compleja) forma de enunciar nuestro objetivo fundamental, excluye todo lo que en más pueda decirse.

El profesor Jorge Borgato [30] da pautas muy interesantes al diseño: "En acústica son deseables las superficies quebradas y los volúmenes de forma irregular pero al mismo tiempo compacta. Las convexidades son admisibles, pero las concavidades son prohibidas, a menos que su radio sea muy chico o extremadamente grande.

En un auditorio hay en general cuatro espejos que deben ser evitados (reemplazándolos por formas difusoras o materiales absorbentes): las dos paredes laterales próximas al escenario, el fondo de la sala y el frente de la platea alta.

Las irregularidades necesarias para que una superficie pierda su especularidad y se convierta en difusora del sonido, no son de simple textura sino de escala escultórica".

[29] G. L. Fuchs citado. Distribución tradicional de una orquesta sinfónica. Fig. 16.

[30] J. Borgato "Luz, Calor y Sonido". F.A.U. Rosario, 1973.
Nota: Una superficie difusora "desparrama" los sonidos en todas direcciones. En cambio, una superficie especular hace que la reflexión se concentre en un solo haz de rayos, tal como sucede con la luz.

En este momento debemos volver a la figura que en último término se hizo para las explicaciones del capítulo donde se habla de reflexión. Se dijo que esa figura resumía un tanto el sentido del estudio por ondas o por rayos.

Allí se vio que un espectador recibía rayos sonoros directos, y con poca diferencia de tiempo, los reflejados por uno de los espejos acústicos, También en la parte de emisión de la palabra, se indicó el tiempo requerido para que una persona emita sílabas y también el que media entre una y otra o sea $^{1}/_{20}$ de segundo. Como el sonido tiene velocidad de 340 metros por segundo, en $^{1}/_{20}$ recorre 17 metros (esta distancia es menor para algunos autores). Si la persona de nuestra sala, percibiera la onda directa 1 y la reflejada 3 con un intervalo mayor de $^{1}/_{20}$ de segundo, o bien distanciadas en más de 17 metros *PERCIBIRÁ DOS SONIDOS*. Esto se llama ECO, y es evidentemente un problema de distancias o si se prefiere de dimensiones. Cuando en una sala grande existe eco, debe detectárselo y eliminarlo.

Dice G. L. Fuchs "Todas las reflexiones que lleguen al oído con un retraso no mayor de 50 milisegundos después de interrumpirse la fuente, no se perciben como eco, cualquiera sea su intensidad (efecto Haas) sino como refuerzo beneficioso". El autor citado se refiere a otro aspecto importante que enseguida analizaremos, pero de todos modos habla de milisegundos (50). Recordemos que en 1 milisegundo el sonido recorre 0,340 metros; en 50 recorre 17 metros.

Tiempo de Reverberación. T.R.

Aprovechadas entonces, las distintas reflexiones del sonido de nuestra sala, y dadas las formas convenientes que lo permitan, sin posibilidades de formación de ecos, resta valorar la calidad acústica, concepto bastante subjetivo. Si los sonidos "se sostienen" más de lo conveniente, habrá reverberación. Si los materiales que empleamos en nuestro interior, fueran muy absorbentes, quizá falte la respuesta acústica adecuada del local (reverberación corta). Dice Fuchs: "Desde las experiencias de Wallace Clement Sabine a principios de siglo en que nace la Acústica Arquitectónica, se estableció como criterio físico medible y correlacionable con los juicios subjetivos, el Tiempo de Reberberación. Sin entrar en detalles técnicos excesivos podemos definir el T.R. como el tiempo requerido para que un sonido caiga desde su estado de régimen hasta la inaudibilidad (una caída de 60 dB fijada arbitrariamente), es decir desde t_1 en que se interrumpe el sonido, hasta t_2 en que se confunde con el ruido ambiente".

En fig. 19, se dan en abscisas los tiempos y en ordenadas los niveles de ruidos. La expresión de ese Tiempo de Reverberación está dada por:

$$T.R. = T_{60} = \frac{Volumen\ del\ local\ en\ m^3}{6 \times U.A.\ del\ local\ en\ m^2}$$

U.A. en m^2 con el significado visto anteriormente. Este valor se toma para todas las superficies interiores del local, con sus respectivos coeficientes de absorción para la gama de frecuencias también vistas. Ver ejemplo numérico Nº 3.

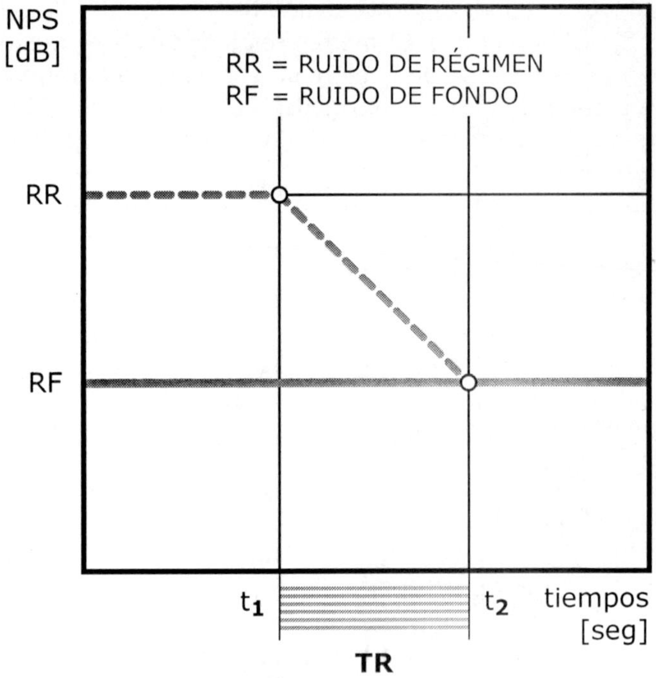

TR: tiempo de reverberación

Figura 19

Si los valores de los coeficientes de absorción "a" son mayores de 0,2, la fórmula de Sabine debe emplear el "EXPONENTE DE ABSORCION" de L. Cremer [31] "a´" y cuya determinación se hace con:

$$"a" = -\ Logaritmo\ Neperiano\ (1 - a)$$

o bien:

$$"a" = -\ 2{,}3\ Logaritmo\ (1 - a)$$

El criterio de elección de los tiempos de Reverberación puede encuadrarse en estas recomendaciones de J. Borgato:

[31] Weisse, citado.

"Locales chicos tienen que ser muy absorbentes o de proporciones muy bien estudiadas, para evitar refuerzos sonoros selectivos por resonancia."

"Locales mayores para teatro o conferencias: es deseable mantener baja la relación volumen/número de asientos, para obtener reverberación corta (1 a 2 segundos) con poco absorbente adicional. La preocupación es lograr que la absorción no baje demasiado cuando el público es escaso".

"Locales mayores para música. El valor deseable de la relación volumen/número de asientos es quizá triple que en el caso anterior, pero la reverberación larga que así resulta (3 a 6 segundos) debe compensarse de tres maneras: buena "visibilidad" de toda la orquesta, primera reflexión reforzada, y relleno de la reverberación durante los primeros 50 milisegundos. La preocupación principal es lograr que la absorción no aumente demasiado con lleno total". Hay gráficos que permiten hallar los tiempos de Reverberación apropiados al destino de cada local, siendo el dato más importante para entrar en ellos, el volumen de la sala. Así, operando entonces con la fórmula de Sabine y fijado el tiempo, podría hallarse el coeficiente de absorción medio, a saber:

$$\overline{a} = \text{Coeficiente de absorción medio} = \frac{S_1 \times a_1 + S_2 \times a_2 + S_3 \times a_3 + \cdots + S_n \times a_n}{S_1 + S_2 + S_3 + \cdots + S_n}$$

S_1 y a_1 son superficie y coeficiente de absorción de un cerramiento llamado 1.

S_2 y a_2 son superficie y coeficiente de absorción de un cerramiento llamado 2.

S_3 y a_3 son superficie y coeficiente de absorción de un cerramiento llamado 3.

El uso de estos elementos en una aplicación, se ve con detalle en el ejemplo numérico Nº 3.

La fórmula de Sabine ha sido posteriormente modificada o perfeccionada, por varios investigadores, tal como L. Cremer citado, V. O. Knudsen, Millington, etc.

En lo que hace a nuestras aplicaciones numéricas, la fórmula se varía sólo para los coeficientes de absorción mayores que 0,2; es decir introducimos las sugerencias de L. Cremer.

En lo atinente a la palabra (discursos, conferencias, etc.) se habla a menudo de Inteligibilidad como manera de referirse a la comprensión o al entendimiento de la misma.

Ruidos de máquinas

Las instalaciones de confort para una sala de espectáculos moderna, incluyen aire acondicionado central. Es este un equipo que normalmente requiere determinadas precauciones desde el punto de vista acústico. Se compone en términos generales de una central donde se prepara el aire y luego, mediante canalizaciones se lo lleva a destino, es decir a la sala donde está el público. Los elementos para la inyección del fluido quedan bastante disimulados y suelen identificarse con lo que se llama reja de inyección, anemostato, etc., según su ubicación (paredes, cielorrasos). La máquina que impulsa el aire y que trabaja por rotación, produce ruidos que ganan los conductos o canalizaciones y estos, comportándose como tales, permiten una sucesión de reflexiones que poco se debilitan y llegan finalmente a la sala.

Debe pues disponerse absorbentes a la salida de la máquina impulsora, dentro de los tubos, a manera de láminas que fraccionan la vena fluida en otras tantas, y así aumentar el área de contacto con el absorbente. El elemento que rota, llamado turboventilador, tiene en su enlace con los tubos, juntas elásticas para cortar las vibraciones. Además, y por las mismas razones, la base debe aislarse del suelo.

Toda máquina que produzca vibraciones, puede según su tamaño, apoyarse a un suelo de fundación, mediante soportes elásticos o antivibratorios o sino con una base generalmente de hormigón armado. Lo primero es válido para pequeñas y lo segundo para las más grandes. Estas últimas requieren en este aspecto un diseño técnico. En efecto, ya que será necesario determinar su peso en toneladas y obrar en consecuencia, esto es proyectar la fundación más pesada que la propia máquina, y así evitar que sus vibraciones (por razones de frecuencia) se impongan a las de la base. También, esta última deberá transmitir determinada tensión al terreno de apoyo o de fundación, en kilogramos por centímetro cuadrado. Constructivamente, el bloque de apoyo descansará sobre un suelo seleccionado y quedará también cortado del entorno, este es separado por un espacio de varios centímetros del suelo circundante. Una máquina industrial bien elaborada, deberá tener toda la información referente a su fundación, y esto es importante, ya que no son raros los casos de una fábrica emplazada en zona urbana, donde las vibraciones ganan el terreno y causan trastornos a los vecinos con los ruidos, o dañan construcciones linderas.

6 APLICACIONES PRÁCTICAS

Se dan a continuación tres aplicaciones numéricas, sobre la base de ejercicios desarrollados por alumnos de los distintos grupos y que, en su ciclo de aprendizaje en la Universidad realizan como práctica de la asignatura.

Ejemplo numérico N° 1

Es aplicación del tema Protección acústica, y por lo mismo significa el manejo de las Leyes fundamentales al efecto.

Ejemplo numérico N° 2

Se calcula la absorción en un local destinado al trabajo intelectual. Se busca la práctica del manejo de los coeficientes de absorción "a" y las Unidades de Absorción.

Ejemplo numérico N° 3

Se realiza el acondicionamiento acústico de un teatro sencillo. Se hace aplicación del método geométrico de las imágenes acústicas y se determina finalmente el Tiempo de Reverberación (T.R) de Sabine.

Ejemplo numérico N° 1: **PROTECCIÓN ACÚSTICA**

Aislación de ruidos. Planteo

"Se trata de una avenida de tránsito intenso, en cuyo eje geométrico (eje de calle) se estima un nivel de ruidos de 80 dB. En el edificio más alto ubicado sobre línea municipal, se desea conocer cuál será el ruido total (RT) en los departamentos del 2° y 13° pisos respectivamente y sabiendo que en ellos el ruido de fondo (RF) es de 30 dB."

Se aplicarán sucesivamente las leyes: de distancia (para saber con que valor o nivel llegan los ruidos de la calle a destino). De pesos o masas (para determinar la INSONORIDAD de los cerramientos).

Conocido el nivel del ruido que llega al interior (RE) se sumará al ruido de fondo (RF) (suma logarítmica) y finalmente se obtiene así el ruido total o sea (RT).

Los cerramientos son:

A. Mixto (pared-ventana). Espesor 0,24 terminado. Ladrillo macizo. Abertura de piso a techo, totalmente vidriada.

B. Ciego. Espesor 0,24 terminado. Ladrillo macizo.

No se tuvo en cuenta la forma en que las ondas inciden sobre los cerramientos; de este modo al no ser frontales, los valores de niveles de ruido que llegan, son algo menores que los calculados.

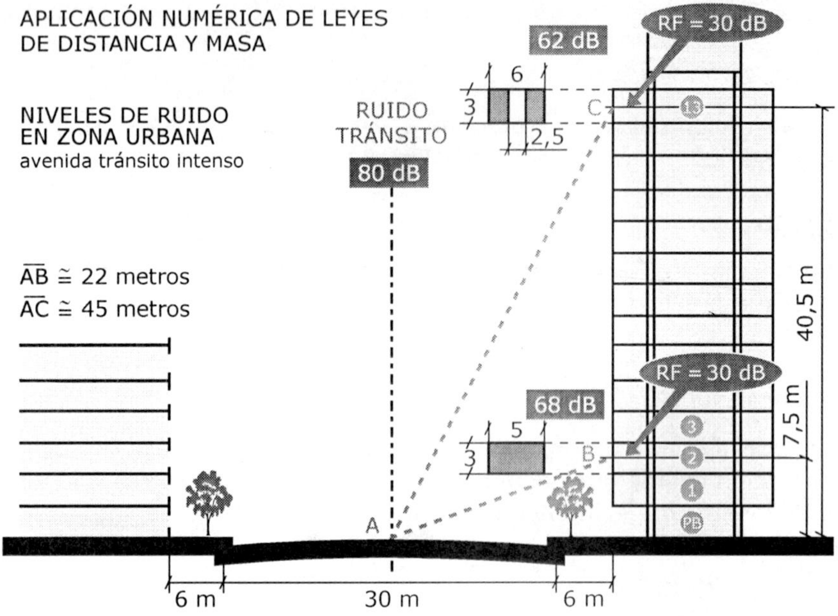

Figura 20

Desarrollo

Ley de distancias: Hasta 5 metros del eje de calle[32] se puede estimar un nivel de 80 dB, es decir el mismo valor que en el eje. A partir de allí, el nivel sonoro decrece o se reduce, según la ley:

$$\textit{Reducción del nivel sonoro (dB)} = 20 \, Log \frac{\textit{Distancia mayor}}{\textit{Distancia menor}}$$

y esta expresión da para el caso conocido: Distancia mayor, doble que Distancia menor (o sea 2) 6 dB.

[32] M. R. V. Niilus. "Aislación acústica de la vivienda". Bowcentrum B.A.

Siendo:

$AB = 22$ *metros*
$AC = 45$ *metros* (tomados gráficamente)

la reducción en *B* es:

$$Reducción en\, B = 20\, Log \frac{22}{5} = 20\, Log\, 4{,}4 = 20 \times 0{,}6 = 12\, dB$$

La reducción en *C* es:

$$Reducción en\, C = 20\, Log \frac{45}{5} = 20\, Log\, 9 = 20 \times 0{,}9 = 18\, dB$$

A nivel de los cerramientos sobre la línea municipal, llegan los ruidos de la calle con los valores:

En $B = 80 - 12 = 68\ dB$
En $C = 80 - 18 = 62\ dB$

La diferencia de niveles sonoros entre *B* y *C* es de 6 dB, y esto está nuevamente de acuerdo a la ley de distancias, ya que como vemos la distancia de *C* a la fuente es casi el doble que la de *B*.

Ley de pesos o masas: La INSONORIDAD de un cerramiento es función (el peso en Kilogramos por metro cuadrado, o sea la densidad superficial. Peso del cerramiento:

$$1.600\ Kg/m^3 \times 0{,}24\ m = 384\ Kg/m^2$$

1.600 = Peso especifico de la mampostería de ladrillo común.

Por gráfico de dicha ley se obtiene:

Cerramiento en B:

INSONORIDAD = 48 *dB*

Para el cerramiento en *C*, determinamos la INSONORIDAD como Partición mixta [33] lo que nos obliga a conocer no sólo las superficies de los elementos, sino que además, determinarse de antemano las INSONORIDADES de cada uno.

Así pues para la abertura estimamos *INSONORIDAD* = 26 *dB*.

Resulta entonces para el cerramiento en *C*: *INSONORIDAD* = 31 *dB* (la presencia de abertura ha reducido notablemente las cualidades fónicas de la pared).

[33] A. Behar, citado.

Resumen

Letra	Cerramientos					
	Ubicación	Ruido de tránsito	INSONORIDAD	RE	RF	RT + RE + RF
B	Piso 2°	68 dB	48 dB	20	30	= 30,4
C	Piso 13°	62 dB	31 dB	31	30	= 33,5

Nota: Los valores de dB no enteros, pueden redondearse. Por ejemplo 30,4 se tomará como 31 dB. La escala decibélica varía como mínimo por unidad.

RT = RE + RF se obtiene por aplicación del gráfico [34] que se adjunta.

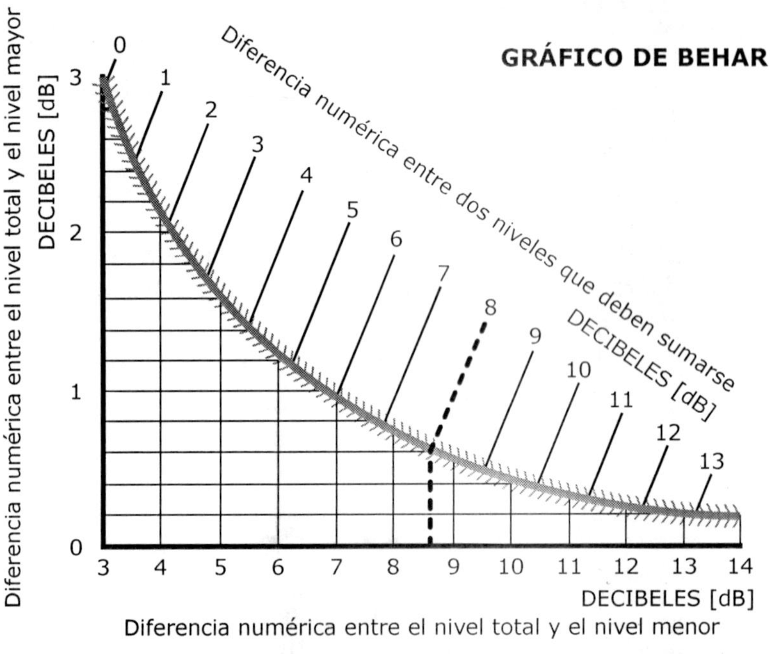

COMBINACIÓN DE NIVELES SONOROS
A. Behar, "El ruido y su control"

Figura 21

Ejemplo sobre fig. 21:

Sumar los siguientes ruidos: 43 dB + 35 dB entrando al gráfico con la diferencia de aquellos: 43 − 35 = 8 dB... en abscisas tenemos 8,6 dB. Luego: 35 dB + 8,6 dB = 43,6 dB.

[34] A. Behar, citado.

Verificación por suma logarítmica

RT = 20 + 30 para I_0 = Intensidad mínima = 1 x 10^{-16} w/cm^2

$$20 = 10\,Log\frac{I_1}{I_0} \qquad 30 = 10\,Log\frac{I_2}{I_0}$$

$$20 = 10\,(Log\,I_1 - Log\,I_0) \qquad 30 = 10\,(Log\,I_2 - Log\,I_0)$$

Dividiendo por 10:

$$2 = Log\,I_1 - Log\,I_0 \qquad 3 = Log\,I_2 - Log\,I_0$$

$$Log\,I_1 = 2 + Log\,I_0 \qquad Log\,I_2 = 3 + Log\,I_0$$

$$Log\,I_1 = 2 + Log\,1\times10^{-16} \qquad Log\,I_2 = 3 + Log\,1\times10^{-16}$$

$$Log\,I_1 = 2 - 16 = -14 \qquad Log\,I_2 = 3 - 16 = -13$$

Luego:

$$I_1 = 10^{-14} = 0{,}1\times10^{-13} \qquad I_2 = 10^{-13}$$

Sumando intensidades:

$$I_1 + I_2 = 0{,}1\times10^{-13} + 10^{-13} = 1{,}1\times10^{-13}$$

y finalmente:

$$dB = 10\,Log\frac{I_1 + I_2}{I_0} = 10\,Log\frac{1{,}1\times10^{-13}}{10^{-16}} = 10\,Log\,1{,}1\times10^{3}$$

$$dB = 10\,Log\,1{,}1\times1.000 = 10\,Log\,1.100 = 10\times3{,}04 = 30{,}40 = RT$$

RT = 31 + 30

$$31 = 10\,Log\frac{I_1}{I_0} \qquad 30 = 10\,Log\frac{I_2}{I_0}$$

$$31 = 10\,(Log\,I_1 - Log\,I_0) \qquad 30 = \cdots\cdots\cdots$$

Dividiendo por 10:

$$3{,}1 = Log\,I_1 - Log\,I_0$$

$$Log\,I_1 = 3{,}1 + Log\,I_0$$

$$Log\,I_1 = 3{,}1 + Log\,1\times10^{-16}$$

$$Log\,I_1 = 3{,}1 - 16 = -12{,}9$$

El mismo desarrollo que en la parte de arriba.

Sumando y restando: 0,1

$$Log\, I_1 = 0{,}10000 - 13$$

Luego:

$$I_1 = 1{,}25 \times 10^{-13} \qquad I_2 = 10^{-13}$$

Sumando intensidades:

$$I_1 + I_2 = 1{,}25 \times 10^{-13} + 10^{-13} = 2{,}25 \times 10^{-13}$$

y finalmente:

$$dB = 10\, Log \frac{I_1 + I_2}{I_0} = 10\, Log \frac{2{,}25 \times 10^{-13}}{10^{-16}} = 10\, Log\, 2{,}25 \times 10^{3}$$

$$dB = 10\, Log\, 2{,}25 \times 1.000 = 10\, Log\, 2.250 = 10 \times 3{,}35 = 33{,}5 = RT$$

Los resultados del gráfico se confirman con los obtenidos analíticamente.

Ejemplo numérico Nº 2: **ABSORCIÓN ACÚSTICA**

Proyecto arquitectónico. Planteo.

Se trata de un edificio de enseñanza media, cuyas aulas han sido ya estudiadas desde el punto de vista de la iluminación natural, y por lo tanto dimensionadas sus aberturas. Se desconoce en cambio el comportamiento acústico en función de los ruidos interiores. En este aspecto se propone:

1° Estudiar la absorción, con el aula sin tratamiento.
2° Estudiar la absorción, con el aula tratada.

La fuente sonora será la voz de personas y que estimamos con un nivel sonoro de 60 dB.

Se desea conocer la reducción del nivel sonoro.

Se desea bajar la reverberancia del local, y que se produce a consecuencia de los materiales altamente reflejantes con que ha sido construida.

Características del aula:

A) ***Antes del tratamiento:***

Piso: Mosaico granítico
Cielorraso: Hormigón a la vista, pintado.
Paredes: Grueso y fino a la cal.
Vidrios: —

B) ***Después del tratamiento:***

Piso: Parquet sobre contrapiso
Cielorraso: Yeso armado.
Paredes: Idem con más 50 m^2 de Acustic-Celotex
Vidrios: —

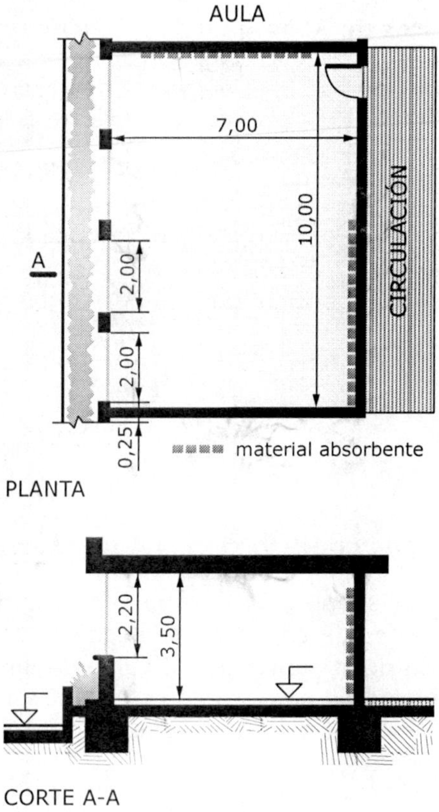

Figura 22

CUADRO Nº 1

Coeficientes de Absorción "a" [35]

N°	SUPERFICIE ABSORBENTE		Coeficientes de absorción "a" para las FRECUENCIAS [Hz]					
	Material	Sup. $[m^2]$	128	256	512	1024	2048	4096
1	Mosaico granítico	70	0,01	0,01	0,02	0,02	0,02	0,03
2	Parquet	70	0,05	0,03	0,06	0,09	0,10	0,22
3	Hormigón pintado	70	0,01	0,01	0,01	0,02	0,02	0,02

35 Valores de: A. Behar, citado. C.E.A. citado.

Coeficientes de Absorción "a" (Continuación)

N°	SUPERFICIE ABSORBENTE		Coeficientes de absorción "a" para las FRECUENCIAS [Hz]					
	Material	Sup. [m^2]	128	256	512	1024	2048	4096
4	Yeso armado	70	0,02	0,03	0,04	0,06	0,06	0,03
5	Vidrios	17,60	0,04	0,04	0,03	0,03	0,02	0,20
6	Revoques a la cal	101,4 51,4	0,04	0,05	0,06	0,08	0,04	0,06
7	Acustic Celotex 30x30x1,3	50	0,09	0,15	0,61	0,77	0,70	0,64

Cálculo de las unidades de absorción U.A en metros cuadrados

Estas se obtienen por simple producto de cada una de las superficies indicadas y los coeficientes de absorción respectivos. Como "a" no tiene dimensión, prevalece la de la superficie. El valor máximo de "a" es 1, y corresponde a la absorción de una ventana abierta de 1 metro cuadrado de área.

CUADRO N° 2

Unidades de absorción U.A. m² -ANTES DEL TRATAMIENTO-

N°	UA m² para:					
	128	256	512	1024	2048	4096
1	0,7	0,7	1,4	1,4	1,4	2,1
3	0,7	0,7	0,7	1,4	1,4	1,4
5	0,7	0,7	0,5	0,5	0,4	0,4
6	4,1	5,1	6,1	8,1	4,1	6,1
SUMAS	–	–	8,7	11,4	–	–

Nota:

Valores del cálculo redondeados.

Sumas: sólo para dos frecuencias.

CUADRO Nº 3

Unidades de absorción U.A. m^2 -DESPUÉS DEL TRATAMIENTO-

Nº	UA m^2 para:					
	128	256	512	1024	2048	4096
2	3,5	2,1	4,2	6,3	7,0	15,4
4	1,4	2,1	2,8	4,2	4,2	2,1
5	0,7	0,7	0,5	0,5	0,4	0,4
6	2,1	2,6	3,1	4,1	2,1	3,1
7	4,5	7,5	30,5	38,5	35,0	32,0
SUMAS	–	–	41,1	53,6	–	–

Reducción del nivel de ruidos

$$REDUCCIÓN = 10\ Log \frac{U.A.\ m^2\ DESPUÉS\ DEL\ TRATAMIENTO}{U.A.\ m^2\ ANTES\ DEL\ TRATAMIENTO}$$

Se advierte aquí que duplicando las unidades de Absorción, la reducción es de 3 decibeles. Este dato resulta interesante de retener.

Luego tendremos para 512 Hz:

$$REDUCCIÓN = 10\ Log \frac{41,1}{8,7} = 10\ Log\, 4,72 = 6,7\ dB \cong 7\ dB$$

Para 1024 Hz tenemos:

$$REDUCCIÓN = 10\ Log \frac{53,6}{11,4} = 10\ Log\, 4,70 = 6,7\ dB \cong 7\ dB$$

Hemos verificado cual ha sido la reducción del ruido para solo dos frecuencias.

Lo ideal resultaría, que así como obtuvimos valores prácticamente iguales para estas dos, todos los demás fueran bastante parecidos. Dice sobre este particular el libro del C.E.A., pág. 98:

"Como el factor de absorción de los materiales acústicos y el nivel de presión espectral del ruido varía con la frecuencia, esta reducción es diferente a frecuencias diferentes. Sin embargo, para llegar a una expresión representativa de la reducción del nivel de ruido, es común utilizar para estos cálculos factores de reducción de ruido. El factor de reducción de ruido de un material es la media de los factores de absorción a 256; 512; 1.024 y 2.048 Hertz".

Llevado a gráfico el cálculo de la reducción, se puede eliminar la operación logarítmica. Este método es también conocido como AIRES-AVANT.

La resonancia, naturalmente también ha sido reducida. Es posible calcular el tiempo en segundos de tal reducción, para lo cual es de aplicación la fórmula de Sabine:

$$T.R. = \frac{Volumen\ m^3}{6 \times U.A.\,del\,local}$$

La expresión debe aplicarse para antes y después del tratamiento. Sin embargo no se hace en este ejercicio, sino en el último (Nº 3).

Ejemplo numérico Nº 3: **ACONDICIONAMIENTO ACÚSTICO** *Tiempo de Reverberación (TR)*

Proyecto arquitectónico:

Se trata de un teatro sencillo, cuyas formas han sido ajustadas a las dimensiones del terreno donde se emplazó. Su destino es preferentemente para proyecciones cinematográficas con equipo electroacústico, y conferencias en reuniones de la comunidad de la zona, sin equipo electroacústico.

El estudio se dividió en:

A) ESTUDIO GEOMÉTRICO, con ayuda del método de las imágenes acústicas.

B) TIEMPO DE REVERBERACIÓN, con fórmulas de Sabine. Los coeficientes de absorción "a" fueron recalculados con fórmula de L. Cremer, cuando su valor era mayor de 0,2.

Se consideró como fuente sonora la voz de una persona, y en escala se la ubicó posicionalmente en el escenario (Proscenio -Antiguamente PROSKENION) como punto F.

Por las características del entorno sobre las líneas divisorias medianeras, el nivel de ruidos que llegan a las paredes es bajo. Además, y debido a la altura de la sala, las mismas han sido construidas con espesor de 0,45 metros, lo que eleva mucho su valor de INSONORIDAD. Esto explica porque en el interior, el tratamiento de terminación de los dos espejos acústicos grandes, se resolvió por razones económicas, utilizando simples revoques a la cal.

Los ruidos de tránsito son detenidos en el sector del hall de público, y de allí que no se mencione protección alguna al respecto.

A) De acuerdo a lo establecido en teoría se dieron dimensiones y forma, con ajuste naturalmente a las dimensiones del lote. Se quebró el plano del cielorraso y se reforzó el sonido en el pullman. Las paredes enfrentadas, frente y fondo de pullman fueron tratadas con absorbentes. Las restantes características obedecen a factores de diseño arquitectónico (Fig. 23).

B) *VOLUMEN DE LA SALA:* 6.000 m^3
Nº DE ASIENTOS: 1.000 (0,4 *a* 0,5 m^2 *por persona*)

$$VOLUMEN\ POR\ ASIENTO = \frac{6.000\ m^3}{1.000\ Personas} = 6\ m^3/_{Persona}$$

Tiempo de reverberación más conveniente:

Se repite aquí la teoría "*Locales para teatros y conferencias* - Es deseable mantener baja la relación volumen/número de asientos, para obtener reverberación corta (1 a 2 segundos) con poco absorbente adicional. La preocupación principal es lograr que la absorción no baje demasiado cuando el público es escaso" (Borgato).

El tiempo de Reverberación aumenta con el valor del volumen por asiento. Así es debido a la mayor incidencia que las superficies acústicas tienen en la reflexión. Así mismo, menor es en este último caso la incidencia del público entre sala vacía y saja llena (o parcialmente llena, por ejemplo con $^2/_3$ de su capacidad).

Los volúmenes por plaza o por asiento, varían desde 3 m^3 hasta 10 m^3 entre salas pequeñas y grandes. En este caso con 6 m^3 por asiento, estamos en un valor de sala mediana.

La mecánica de trabajo es en parte conocida, ya que se repite parte del cálculo de la absorción y sobre ello no se agrega nada más.

Las operaciones logarítmicas se hacen necesarias en las correcciones de los coeficientes de absorción; para más claridad, llegado a este punto, se volcó toda la parte operativa a planillas para seguir más detenidamente el cálculo.

Se designan como:

$\bar{a}$ el *coeficiente de absorción media*

$\bar{a}'$ el *coeficiente de absorción corregido*

ACONDICIONAMIENTO ACÚSTICO

estudio geométrico
imágenes acústicas

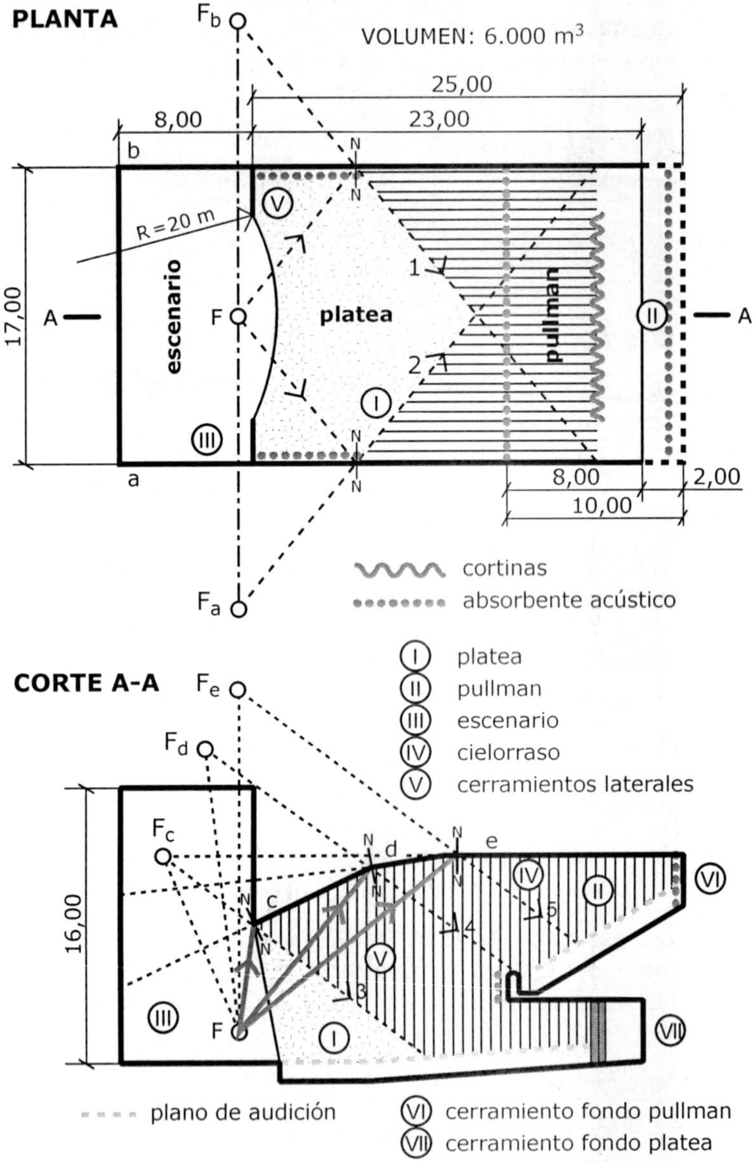

Figura 23

CUADRO Nº 1

Superficies absorbentes (S) y coeficientes de absorción "a"

Nº	Superficies absorbentes		Coeficientes de absorción "a" para:						
	Ubicación	*Material*	*S* [m²]	*128*	*256*	*512*	*1024*	*2048*	*4096*
1	Plafond y cielorraso bajo el pullman	Yeso s/metal despleg.	550	0,02	0,03	0,04	0,06	0,06	0,03
2	Cerramientos laterales y fondo	Grueso y fino a la cal	710	0,04	0,05	0,06	0,08	0,04	0,06
3	Platea Pullman	Parquet madera	410	0,04	0,04	0,03	0,03	0,03	0,02
4	Escenario	Madera de pino s/entram.	140	0,05	0,03	0,06	0,09	0,10	0,22
5	Circulación	Alfombra espesa	160	0,07	0,31	0,49	0,81	0,66	0,54
6	Platea	Cortinas terciop.	50	0,14	0,35	0,55	0,72	0,70	0,65
7	Asientos	Forrad. grueso	1.000	0,20	0,37	0,33	0,36	0,40	0,45
8	Platea y Pullman	Acustic Celotex 30x30x1,3	160	0,09	0,15	0,61	0,77	0,70	0,64
	SUMAS		**3.050 m²**						

Superficie total absorbente: $S = S_1 + S_2 + S_3 + \ldots + S_n = 3.050\ m^2$

Nota: Coeficientes de absorción obtenidos de la misma fuente (Ejercicio Nº 2)

CUADRO Nº 2

Absorción por asientos vacíos y ocupados por público

Superficie absorbente		Coeficiente de absorción "a" para:					
		128	*256*	*512*	*1024*	*2048*	*4096*
1	Asientos forrados SIN OCUPANTES	0,20	0,37	0,33	0,36	0,40	0,45
2	Asientos forrados CON OCUPANTES	0,15	0,23	0,40	0,56	0,64	0,70
Diferencia 2 – 1 =		- 0,05	- 0,14	0,07	0,20	0,24	0,25

CUADRO Nº 3

Unidades de absorción U.A. m² (Productos S x a)
(ver cuadro Nº 1)

Nº	**Unidades de absorción U.A. m^2 para:**					
	128	*256*	*512*	*1024*	*2048*	*4096*
1	11,0	16,5	22,0	33,0	33,0	16,5
2	28,4	35,5	42,6	56,8	28,4	42,6
3	16,4	16,4	12,3	12,3	12,3	8,2
4	7,0	4,2	8,4	12,6	14,0	30,8
5	11,2	49,6	78,4	129,6	115,6	86,4
6	7,0	17,5	27,5	36,0	35,0	32,5
7	200,0	370,0	330,0	360,0	400,0	450,0
8	14,4	24,0	97,6	123,2	112,0	102,4
SUMAS	295,4	533,7	618,8	763,5	740,3	769,4

CUADRO Nº 4

Unidades de absorción U.A. m^2 para público

A) PUBLICO: 0 % = 0
B) PUBLICO: 50 % = 500
C) PUBLICO: 100 % = 1.000

(por los valores del Cuadro Nº 2)

PUBLICO	**U.A. m^2 para:**					
	128	*256*	*512*	*1024*	*2048*	*4096*
A	–	–	–	–	–	–
B	- 25,0	- 70,0	35,0	100,0	120,0	125,0
C	-50,0	-140,0	70,0	200,0	240,0	250,0

CUADRO Nº 5

$$Absorción\,media\,\overline{a} = \frac{S_1 \times a_1 + S_2 \times a_2 + S_3 \times a_3 + \cdots + S_n \times a_n}{S_1 + S_2 + S_3 + \cdots + S_n}$$

PUBLICO	Valores de $\overline{a}$ para:		
	128	*256*	*512*
A	$\frac{295,4}{3.050} = 0,10$	$\frac{533,7}{3.050} = 0,17$	$\frac{618,8}{3.050} = 0,20$
B	$\frac{295,4 - 25,0}{3.050} = 0,09$	$\frac{533,7 - 70,0}{3.050} = 0,15$	$\frac{618,8 + 35,0}{3.050} = 0,21$
C	$\frac{295,4 - 50,0}{3.050} = 0,08$	$\frac{533,7 - 140,0}{3.050} = 0,13$	$\frac{618,8 + 70,0}{3.050} = 0,23$

PUBLICO	Valores de $\overline{a}$ para:		
	1024	*2048*	*4096*
A	$\frac{763,5}{3.050} = 0,25$	$\frac{740,3}{3.050} = 0,24$	$\frac{769,4}{3.050} = 0,25$
B	$\frac{763,5 + 100,0}{3.050} = 0,28$	$\frac{740,3 + 120,0}{3.050} = 0,28$	$\frac{769,4 + 125,0}{3.050} = 0,29$
C	$\frac{763,5 + 200,0}{3.050} = 0,31$	$\frac{740,3 + 240,0}{3.050} = 0,32$	$\frac{769,4 + 250,0}{3.050} = 0,33$

(Valores redondeados)

Todos los coeficientes de absorción mayores de 0,20 serán recalculados.

Corresponde a continuación, la determinación de los *TR* que establecía el enunciado del ejercicio y para los casos A; B y C (sin PUBLICO etc.).

$$TR = \frac{Volumen\,de\,la\,sala\,en\,m^3}{6 \times Unidades\,de\,absorción\,U.A.\,m^2} \qquad \text{(W. SABINE)}$$

Según WEISSE:

"Esta fórmula es exacta, sólo para valores pequeños del coeficiente de absorción $\overline{a}$ (menor ó igual que 0,20)". Para valores mayores de 0,20 se emplearan los valores corregidos de L. Cremer:

$$\bar{a}' = -\textit{LOGARITMO NEPERIANO}\,(1-\bar{a})$$

La última expresión puede escribirse:

$$\bar{a}' = -2{,}3\,Log\,(1-\bar{a})$$

Modo de corregir:

Sea por ejemplo: $\bar{a} = 0{,}20$

$$\begin{aligned}\bar{a}' &= -2{,}3\,Log\,(1-0{,}20)\\ &= -2{,}3\,Log\,(0{,}8)\\ &= -2{,}3\,Log\,(0{,}1\times 8)\\ &= -2{,}3\,[\,Log\,(0{,}1)+Log\,(8)\,]\end{aligned}$$

CUADRO Nº 6

Operaciones de corrección

$\bar{a}$	$1-\bar{a}$	*Log* 0,1 =	*Log* de:	$\bar{a}'=-2{,}3[Log(0{,}1)+Log\ldots]$
= 0,20	1−0,20 = 0,80	−1,00000	8 = 0,90309	= −2,3 (−0,09691) = 0,22
0,25	= 0,75	−1,00000	7,5 = 0,87506	= −2,3 (−0,12494) = 0,29
0,24	= 0,76	−1,00000	7,6 = 0,88081	= −2,3 (−0,11919) = 0,27
0,25	= 0,75	−1,00000	7,5 = 0,87506	= −2,3 (−0,12494) = 0,29
0,21	= 0,79	−1,00000	7,9 = 0,89763	= −2,3 (−0,10237) = 0,24
0,28	= 0,72	−1,00000	7,2 = 0,85733	= −2,3 (−0,14367) = 0,33
0,28	= 0,72	−1,00000	7,2 = 0,85733	= −2,3 (−0,14267) = 0,33
0,29	= 0,71	−1,00000	7,1 = 0,85126	= −2,3 (−0,14874) = 0,34
0,23	= 0,77	−1,00000	7,7 = 0,88649	= −2,3 (−0,11351) = 0,26
0,31	= 0,69	−1,00000	6,9 = 0,83885	= −2,3 (−0,16115) = 0,37
0,32	= 0,68	−1,00000	6,8 = 0,83251	= −2,3 (−0,16749) = 0,39
0,33	= 0,67	−1,00000	6,7 = 0,82607	= −2,3 (−0,17393) = 0,40

Consultando gráficos de tiempos de reverberación más convenientes [36], hallamos en función del volumen total y el destino de la sala un valor de 1,3 segundos, para la frecuencia de 512 Hz. Nuestros resultados en los casos B y C resultan bastante próximos y por ello, damos por terminados nuestros cálculos. De no haber sido así, es decir obteniendo un *TR* bastante diferente, debe recalcularse pero, del siguiente modo: FIJAR EL TIEMPO DE REVERBERACIÓN, Y HALLAR LUEGO LAS UNIDADES DE ABSORCIÓN QUE SE REQUIERAN (disponiendo más o menos absorbentes).

CUADRO Nº 7

Resumen CUADRO Nº 6

PUBLICO	$\bar{a}' = \bar{a}$ corregidos para:					
	128	*256*	*512*	*1024*	*2048*	*4096*
A	0,10	0,17	0,22	0,29	0,27	0,29
B	0,09	0,15	0,24	0,33	0,33	0,34
C	0,08	0,12	0,26	0.37	0,39	0,40

CUADRO Nº 8

Tiempos de reverberación TR (Parte 1)

PUBLICO	**Para las frecuencias de:**		
	128	*256*	*512*
A	$\dfrac{6.000}{6 \quad 3.050 \quad 0{,}10} = $ $= \dfrac{0{,}33}{0{,}10} = 3{,}30$	$= \dfrac{0{,}33}{0{,}17} = 1{,}94$	$= \dfrac{0{,}33}{0{,}22} = 1{,}50$
B	$= \dfrac{0{,}33}{0{,}09} = 3{,}66$	$= \dfrac{0{,}33}{0{,}15} = 2{,}20$	$= \dfrac{0{,}33}{0{,}24} = 1{,}37$
C	$= \dfrac{0{,}33}{0{,}08} = 4{,}12$	$= \dfrac{0{,}33}{0{,}12} = 2{,}75$	$= \dfrac{0{,}33}{0{,}26} = 1{,}27$

Con los resultados de los *TR* para las distintas frecuencias obtenidas en el cuadro Nº 8, se confecciona la figura 24. De su observación surge que no hay demasiada diferencia de comportamiento para la sala en los casos A; B y C. En cuanto al gráfico en si, conviene recordar lo siguiente:

[36] K. Weisse, citado.

Tiempos de reverberación TR (Parte 2)

PUBLICO	**Para las frecuencias de:**		
	1024	*2048*	*4096*
A	$= \frac{0{,}33}{0{,}29} = 1{,}14$	$= \frac{0{,}33}{0{,}27} = 1{,}22$	$= \frac{0{,}33}{0{,}29} = 1{,}14$
B	$= \frac{0{,}33}{0{,}33} = 1{,}00$	$= \frac{0{,}33}{0{,}33} = 1{,}00$	$= \frac{0{,}33}{0{,}34} = 0{,}97$
C	$= \frac{0{,}33}{0{,}37} = 0{,}89$	$= \frac{0{,}33}{0{,}39} = 0{,}85$	$= \frac{0{,}33}{0{,}40} = 0{,}82$

"También existen opiniones muy diferentes sobre la relación entre los tiempos de reverberación para las altas y las bajas frecuencias. El criterio que más se sigue, es el de conseguir un cierto aumento del tiempo de reverberación para las bajas frecuencias, y unos valores casi uniformes para las media y las altas. Este criterio merece especial consideración, porque en los locales con condiciones acústicas reconocidas como ideales, se comprueba tal relación entre los valores de los tiempos de reverberación".

GRAFICO
tiempo de reverberación

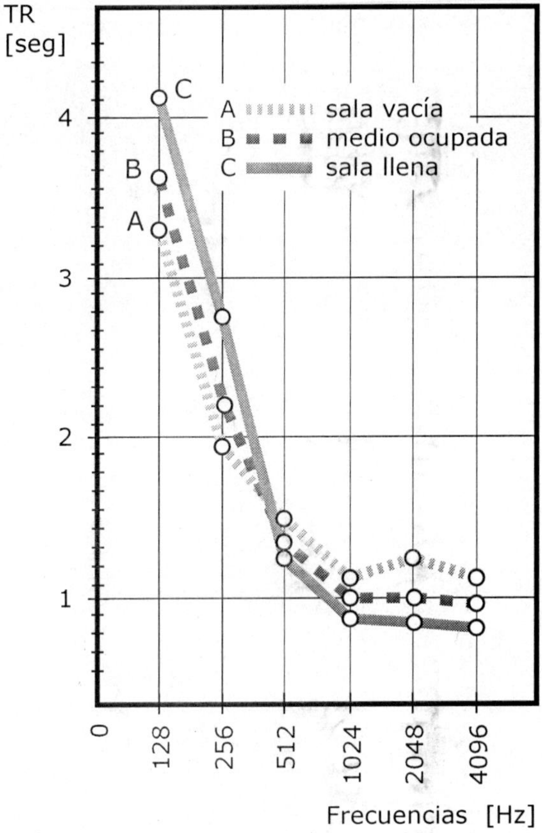

Figura 24

BIBLIOGRAFÍA

A. C. RAES - "Acústica Arquitectónica". Editorial Víctor Leru. Buenos Aires, 1953.

A. BEHAR - "El ruido y su control". Bowcentrum. Buenos Aires, 1969.

BANCO HIPOTECARIO NACIONAL - "Normas mínimas de habitabilidad". Buenos Aires, 1973.

C.E.A. - "Apunte de Acústica". Buenos Aires.

ALLEN WALKER JAMES - "Heating and Air Conditioning. Mac Graw-Hill, EE.UU.

BOSSUT-VILLATTE - "El aislamiento térmico y acústico y el acondicionamiento del sonido en la construcción". Editorial Victoria.

K. WEISSE - "Acústica de los locales". Editorial G. Gili, 1956.

MATHIAS MEISSER - "Acústica de los edificios". Editorial Técnicos Asociados, Barcelona.

KNUDSEN-HARRIS - "Acoustical Designing in Architecture".

G. L. FUCHS - "Acústica de los teatros". F.A.U. Córdoba, 1972.

ERMETE DE LORENZI - "Teatros, Auditoriums. Cines". Editorial Fenner, 1937.

NEUFERT - "Arte de proyectar en Arquitectura". Editorial G. Gili.

JORGE BORGATO - "Luz, Calor y Sonido". F.A.U. Rosario, 1973.

MALLE R. V. NIILUS - "Aislación acústica en la vivienda". Bowcemtrum, 1965.

F.A.U. - "Apuntes de clase". Buenos Aires, 1959.

E. y G. PUPPO - "Acondicionamiento natural y Arquitectura". Marcombo Boixareu Editores, Barcelona.

SAUL SORIN - "Enciclopedia moderna de electrónica". Ediciones Littec, Buenos Aires.

Esta edición se terminó de imprimir en Prynco, septiembre de 2017.
www.prynco.com